宮崎牛物語

口蹄疫から
奇跡の連続日本一へ

宮崎日日新聞社◉著

農文協

食と農をつなぎたい

宮崎日日新聞社取締役編集局長　大重好弘

宮崎牛とは何か。ブランドの定義は「宮崎県内で生産肥育された黒毛和牛で、肉質等級4等級以上のもの」ですが、その言葉以上の重みが宮崎牛にはあります。

今でこそ宮崎県は、黒毛和牛飼養頭数二一万五四〇〇頭で都道府県別の全国三位ですが、「和牛王国」という形容がふさわしい地域になったのはつい最近です。宮崎牛ブランドが確立したのは一九八六（昭和六一）年のことで、まだ三〇年も経過していません。戦前まではどちらかというと馬の生産地として知られていた宮崎で「無」に近い状態から和牛生産が主産業にまで育ってきたのです。

幾多の先人が創り上げた血統が存亡の危機に立たされたのが二〇一〇年の口蹄疫でした。あのとき、私たち宮崎県民は、宮崎牛が多くの関係者の血のにじむような努力によって生まれた宝だと気づきました。延々と繋がれてきた血統の糸が切れそうになった口蹄疫では、特例による種雄牛の避難でなんとか五頭が生き残り、終息から二年後の全国和牛能力共進会で宮崎県チームは奇跡の連続日本一に輝くことになるのです。

本書は計五章で構成しています。第一章「ブランドへの道」ではまず、黎明期からブランド確立までの歴史をたどります。続く第二章「激震口蹄疫」、第三章「奇跡の連続日本一」で、壊滅的な打撃を受けた黒毛和牛産地の再生までの軌跡を関係者一人一人のドラマとともに描写。第四章「全国の食卓へ」

では、トップブランドになるための「解」を探り、肉用牛農家と宮崎牛の日常を理解してもらうために第五章「牛たちの一生」を添えました。ほとんどの原稿は本書のために記者が関係者に取材をしたうえで書き起こしたものです。

振り返れば、口蹄疫では多くの農家が涙を流しました。おいしい牛肉をつくるために日々努力してきた農家が、ウイルスに感染したりワクチンを打たれたりして殺処分された牛たちの最期を悲嘆したのは、食と農の命の循環が次々と絶ちきられる非情に直面したからにほかなりません。牛たちを食卓へと橋渡しする役割が果たせなかったから農家は悲しみに暮れたのです。

ところが、口蹄疫のさなか、全国の都市部の消費者にはこうした農家の気持ちをなかなか理解してもらえませんでした。なかには「殺処分されるのも、食肉になるのも殺されるのは同じではないか」などという心ない意見も多数あったのです。「いただく命」にならなければ、手塩にかけて飼われた牛たちが生きてきた意味がないというのに…。それ以来、生産者と消費者をつなぐ役割を私たち地元紙が担おうと考えるようになりました。本書の出版も、食と農を結ぶ作業のひとつなのです。

そんな意図を込めたこの本は、人と大地のドラマにあふれる宮崎牛とは「何か」をひとまとめにしたものでもあります。宮崎牛の魅力に全国の多くの方々が触れてもらえれば幸いに思います。

宮崎牛物語――口蹄疫から奇跡の連続日本一へ――目次

食と農をつなぎたい

第一章　ブランドへの道

第二章　激震口蹄疫

第四章　全国の食卓へ

第一章 ブランドへの道

和牛立県の起源

宮崎県内で飼育されている黒毛和牛は農林水産省畜産統計調査（二〇一三年二月一日調査）で二一万五四〇〇頭。鹿児島県に次いで全国二位の頭数であり、全国に占める割合は一二・六％に上る。質の面でも二〇一二年の第一〇回全国和牛能力共進会（全共）長崎大会で「連続日本一」を果たしており、「和牛立県」と呼ぶにふさわしい。ところが、歴史をひもとくと、宮崎の牛づくりは昭和一〇年代に入るまでは盛んではなく、全国的には後発組に入る。中国地方や兵庫県のような先進県の背中を追いかけながら、先人たちのたゆまぬ努力によって現在の土台が築かれた。

宮崎県は古くから国内有数の馬産地であり、明治初期に外国種の短角牛が種雄牛《しゅゆうぎゅう》（種牛）として導入されているが、牛の生産には消極的だった。ただ、良牛がなかったわけではない。出現した時代は不明だが、農商務省が大正期にまとめた「和牛に関する調査」には長井牛《ながい》（旧東臼杵郡《ひがしうすき》北川村《きたがわ》）、五町牛《ごちょう》（旧東諸県郡《ひがしもろかた》高岡町《たかおか》）の名が出てくる。しかし、極めて限定的な地域の産牛であり、全県的には特筆すべきものはなかった。

大正期には種雄牛が大分、鳥取、広島県から導入されるようになったが、依然として畜産の主役は馬。しかし、太平洋戦争後の需要減少にともない、馬生産は急速に衰退。これに替わるように和牛生産が盛んになり、馬を生産していた農家は次々に牛へと転じていった。もともと、馬の生産によって畜産熱は高かったため、牛づくりが発展する素地は十分にあったといえる。

また、宮崎県は戦前から農家の所得向上を目指して「有畜農業」を推進。当時の農家の暮らしは非常に貧しく、家畜による安定した副収入を期待してのものだった。なかでも和牛は農作業に使えるうえに、水田の畦の雑草を食べ、堆肥を利用・販売でき、すぐに役用・肉用として換金できるなど多目的な家畜。こうした点に着目した県は有畜農業を進めるに当たり、和牛の価値を高めるための改良を開始した。

農家所得の向上という視点からの生産振興は極めて意義深く、和牛生産（繁殖）は現在まで中山間地域の暮らしを助けてきた。中山間地域は農地面積が狭く、稲作や畑作だけで生計を立てるのは厳しい。和牛繁殖との複合経営は多少なりとも生活にゆとりをもたらした。多くの中山間地域では現在高齢化が進んでいるが、少頭飼育であれば高齢者にも可能であり、生まれた子牛は貴重な現金収入となっている。中山間地域での暮らしが立ちゆかなくなれば、集落が消え、農地さらには山々が荒れ果てることだろう。

有畜農業の推進が唱えられたころに話を戻すと、一九四〇（昭和一五）年から兵庫県産の種雄牛が継続的に導入されるようになっており、本格的な改良が始まっていたことがうかがえる。この後、兵庫県産と鳥取県産の種雄牛を主軸に改良が図られ、その間に宮崎県自前の種雄牛づくりも進められていった。

少し脇道にそれるが、宮崎県の牛づくりの草分け的存在である泥谷《ひじや》重雪（児湯《こゆ》郡木城《きじょう》町出身）に触れておきたい。大正期から昭和初期にかけ、組織的な和牛改良の先頭に立った人物だ。岩手県の盛岡高等農林学校を卒業後、宮崎県庁と県畜産組合連合会で技師として活躍。連合会時代には改良に不可欠な登録事業の最高指導者となり、後進の育成に努めた。

戦前の宮崎県畜産界は「馬高牛低」。軍馬華やかなりし時代にあって、泥谷は「糞畜」とまで揶揄された和牛の経済性を力説し、生産振興の必要性を訴えた。県共進会の会場などに足を運んでは宮崎県が目指す改良の道筋を各郡市の技術員や農家、畜産を学ぶ学生たちに指導。出品牛を教材に良い点と改善すべき点を分かりやすく説明するなどし、宮崎県における良牛の条件を明示した。

「どのような牛が良くて、どのような牛が悪いのか」という共通認識を生産現場に植え付けた泥谷の功績は大きい。これによって県内各郡市の技術員や農家が同じ目標を持つことができ、組織立って改良に取り組む土壌が生まれた。

牛の見方を指導する立場にあっただけに、泥谷の牛に対する観察眼は卓越していた。このような逸話がある。一日に何十頭もの牛を見て採点する予備登録審査での話。ある牛が児湯郡都農《つの》町で開かれた審査で不合格となったが、予備登録されれば牛の価値が上がるので飼い主の農家は諦めきれない。しばらくして同郡高鍋《たかなべ》町での審査にその牛を潜り込ませたが、泥谷は一目で「これは都農で受験した牛だ」と看破したという。

児湯郡市畜連の参事などを務めた鍋倉繁＝高鍋町＝をはじめ多くの和牛関係者が泥谷から薫陶を受けた。その教えが脈々と受け継がれる中、組織的な改良に磨きが掛かり、体型や資質の底上げ、均一化などにつながっていった。

ここでは草分け的存在として泥谷の名を出したが、宮崎県の和牛改良の歴史を振り返ると、どの時代にも信念や情熱、使命感に満ちた人々がおり、そうした人々の名は枚挙にいとまがないことを付け加えておきたい。

宮崎に和牛生産が根付いた背景には自然条件もあるようだ。高温多湿で餌となる植物の生育が良く、飼料作物の栽培に適している。また、県民が「台風銀座」を自認するほどの台風常襲県。風水害の影響を受けにくい畜産に目が向いたのは必然といえる。また、水稲の台風被害を軽減するため、県は一九六〇（昭和三五）年に防災営農計画を策定。台風シーズンの前に収穫できるよう水稲の作付けを早期化し、後作に飼料作物を導入して和牛生産の振興を図ることにした。

宮崎県に限ったことではないが、牛の果たす役割は時代とともに変遷した。江戸末期まで牛は農耕や運搬に使役される「役用」としての性格が強かったが、牛肉を食する文化の広がりにともない、使役後に食肉となる「役肉用」に性格が変化。さらには食用に特化された「肉用」へと変わっていく。

肉用牛としての和牛の地位確立は古い話ではない。全国和牛能力共進会のスローガンに顕著に見て取れる。第一回（昭和四一年）は役肉用から肉用への転換を目指して「和牛は肉用牛たりうるか」、第二回（昭和四五年）は「日本独特の肉用種を完成させよう」、宮崎県都城市で開催された第三回（昭和五二年）は「和牛を農家経営に定着させよう」だった。

国内では一九六〇年代から洋式の生活スタイルが普及し始め、牛乳や牛肉の需要が増大。国の後押しもあって酪農家、肉用牛農家も増え始めた。当時、国は牛乳の消費増加を見越して酪農を推進した。しかし、搾った牛乳を大消費地である都市部に毎日届ける必要があり、交通網の整備が遅れていた宮崎県は条件不利地域といわざるを得なかった。また、酪農は相当な設備投資を要し、県内農家の経営体力では参入が難しかったという事情もあり、和牛、特に子牛生産の振興を図る道を歩むことになった。

この時期、高度経済成長と連動して国内の産業構造は変化し、第二、第三次産業が発展。和牛先進県の中国地方でも瀬戸内海沿岸の工業化によって離農が進み、産地としての活力が減退していった。そうしたなか、「陸の孤島」である宮崎県は畜産を推進力とする農業が基幹産業として成長していくことになる。

こうした流れの数字的な裏付けを「宮崎県畜産史」の肉用牛飼養状況表に求めてみる。宮崎県が和牛改良に向き合い始めたころの一九三五（昭和一〇）年の飼育頭数は三万七〇〇〇頭。全国に占める割合は何とか二％台に乗る程度だ。それからの上昇カーブも緩やかで、二五年が経過した一九六〇（昭和三五）年に至っても七万七〇〇〇頭。高度経済成長にともなう牛肉需要の増加や他県における離農加速を背景にこの年から頭数が急増し、一九六五（昭和四〇）年には一気に一〇万頭を超える。さらに一九七〇（昭和四五）年には一五万一〇〇〇頭となり、全国シェアは八・四％にまで拡大した。

この後も宮崎県の牛づくりは発展を遂げる。詳しくは後述するが、一九七三（昭和四八）年に宮崎県家畜改良事業団が発足。優秀な宮崎の系統をつくり上げる強固な基盤を整えた。官民一体で改良を重ねた結果、全国に名を知られる優れた種雄牛を次々と輩出。その子牛たちは松阪牛や近江牛、飛騨牛、佐賀牛などの素牛《もとうし》として全国に散らばり、和牛生産地として不動の地位を獲得した。肥育技術も磨かれ、八六年には「宮崎牛」の牛肉ブランドが誕生、その名は徐々に知られるようになっていく。

三大ルーツ

宮崎県の和牛改良の歴史を振り返るに当たり、まずは宮崎牛のルーツに触れておきたい。牛づくりで後発だった宮崎県は先進県から優れた血を入れながら、独自のブランド牛を育んできた。なかでも兵庫（但馬《たじま》）、鳥取、島根県の三大系統を抜きにして宮崎の牛づくりを語ることはできず、現在の宮崎牛の血統をさかのぼると、いずれも三県にたどり着く。

兵庫県は、鎌倉末期に編纂された「国牛十図」に但馬牛が登場するほどの歴史的な名産地。但馬牛は同県北部に位置する但馬地方の急峻な地形に適応する小型の役牛として農耕などに重宝された。骨は細くて皮下脂肪が少なく、しなやかで締まりの良い筋肉が特徴。この筋肉が適度な脂肪を内側にとどまらせ、霜降り状態を生む。

もともとが小柄なだけに産肉量は他の産地に譲るが、それを補って余りある肉質を持つ。脂肪交雑（筋肉である赤身の間に網の目のように走る脂肪のこと）はきめ細かく、脂肪の風味、口どけも良い。一定の基準を満たす肉は、世界的なブランド「神戸ビーフ」の名を冠することができる。但馬牛の子牛は松阪牛や近江牛などの素牛にもなっている。

産地としての大きな特色は「閉鎖育種」と呼ばれる仕組み。長年にわたり但馬牛の血統登録を積み重ねる一方、県外の血統を入れず「純血」を守ってきた。他県が改良を進めるために県外の種雄牛を導入・交配してきたのとは対照的で、全国に類を見ない系統といえる。

肉質に加えて、特筆すべきは遺伝力の強さ。優れた点をより確実に子孫へ伝えられることから、全国の和牛改良に用いられてきた。なかでも一九三九（昭和一四）年に兵庫県で生まれた種雄牛「田尻《たじり》」の影響は極めて大きく、その血を引く系統は現在も全国に散らばる。日本で飼育されている和牛のほとんどが黒毛和種だが、全国和牛登録協会によると、過去三年間に一頭以上の分娩記録がある繁殖雌牛は全国で七一万八九六九頭（二〇一二年二月現在）。その血統を調査した結果、九九・九％に田尻の血が入っていたというから驚きだ。

宮崎県では一九四〇（昭和一五）年から兵庫県産の種雄牛が継続的に導入されるようになり、昭和四〇年代以降では「菊波《きくなみ》」「秀安《ひでやす》」などが大きく貢献した。一九八九年には旧宮崎郡佐土原町《さどわらちょう》（現・宮崎市）において、田尻の血統から名牛「安平《やすひら》」が誕生。種雄牛として全国にその名をとどろかせた。

鳥取県は江戸時代の一七四八（寛延元）年、因幡《いなば》、伯耆《ほうき》の二州で約二万頭が飼育されていたとの記

宮崎牛ブランドの確立に貢献した田尻系の「安平」

録も残る土地柄だ。明治期から大正初期にかけて改良を進め、「因伯種《いんぱく》」を完成。一九二〇（大正九）年には血統の固定化を目的として、牛の戸籍管理ともいえる登録事業を全国で初めて開始し、九州や東北をはじめとする新興産地に多くの種雄牛を供給した。三大系統の中では宮崎県と最も縁が古い。

兵庫県の肉質に対し、鳥取県は増体、肉量の多さで全国から支持された。和牛が肉専用種として位置づけられ始めた昭和三〇年代後半から四〇年代にかけ、発育や増体、飼いやすさが高く評価され、各県はこぞって同県の種雄牛や母牛を買い求めた。

鳥取県で多大な影響力を持つ「栄光」系の中から一九五九（昭和三四）年に誕生したのが種雄牛「気高《けたか》」。資質や繁殖性に優れた名牛は気高系の始祖となり、全国に九〇〇〇頭以上の子孫を残した。同県畜産試験場の研究では気高の血統を強く継ぐほど、オレイン酸の含有量が高くなることが分かっている。

オレイン酸が多く含まれるほど肉の香りやうまみが増すと言われており、鳥取県もここに着目。同県牛肉販売協議会が二〇一一年に「鳥取和牛オレイン55」という牛肉ブランドを立ち上げた。気高の血統を引き継ぐことや、脂肪中のオレイン酸含有量が五五％以上であることなど厳格な基準を設けている。

宮崎県は大正期から鳥取県産の種雄牛を使ってきた。栄光系を用い、一九六八（昭和四三）年に西臼《にしうす》杵《き》郡五《ご》ケ瀬《かせ》町で生まれたのが種雄牛「初栄《はつえい》」。一九七〇（昭和四五）年の第二回全国和牛能力共進会鹿児島大会で、種雄牛としての資質を競う1区（若雄）の一等賞を獲得し、六年後には宮崎県産の種雄牛として初めて育種登録された。その子牛である「富栄《とみえい》」「奥高《おくたか》」も活躍し、西臼杵郡や西諸県《にしもろかた》郡で改良の礎となった。気高系も「美福《みふく》10」「隆美《たかみ》」「隆桜《たかざくら》」など優れた種雄牛を輩出し、その流れは現在に脈々と続く。

島根県もまた鎌倉末期には出雲、石見《いわみ》地方が良牛の産地として知られるなど古い歴史を持つ。しかし、太平洋戦争の終戦前ごろに生産と改良の中核を担っていた地域で遺伝的な長期在胎（分娩遅延＝難産、死産、奇形などを招く）が発生。その結果、優れた系統を失う苦難を経験したが、残された系統や岡山県産の種雄牛、兵庫・鳥取県産の血を引く種雄牛の導入によって乗り切った。

さらに肉質重視の昭和五〇年代に入ると、隣接する鳥取・岡山県産に加え、兵庫県産の種雄牛を使用。なかでも岡山県産の種雄牛を使って生まれた「第7糸桜《いとざくら》」は全国にその名を知られる島根県を代表するスーパー種雄牛となった。一九七二（昭和四七）年から一〇年余にわたり約一〇万本の凍結精液ストローを供給。「しまね和牛」の改良とブランド確立に大きな役割を果たしたばかりではなく、全国の和牛改良にも足跡を残した。

その糸桜系が宮崎県に導入されるようになったのは昭和五〇年代。第7糸桜の娘牛と兵庫県産秀安を交配させ、一九八〇（昭和五五）年に児湯郡川南《かわみなみ》町で誕生した「糸秀《いとひで》」は全国区の名種雄牛となった。第7糸桜の直系を見ても、宮崎県の主力牛として二〇一三年三月まで精液を採取していた「福之国《ふくのくに》」をはじめ多くの種雄牛が生まれている。

宮崎県家畜改良事業団によると、県内で人工授精用の凍結精液ストローを供給している県有種雄牛は三八頭（二〇一三年十一月現在）いる。うち三七頭が宮崎県産で、一頭が兵庫県産（田尻系）。宮崎県産の父方の血統を見ると、兵庫・田尻系一一頭、鳥取・気高系一三頭、島根・糸桜系一三頭となっている。

母牛については、全国和牛登録協会宮崎県支部の調査結果が分かりやすい。調査対象は二〇一二年一〜十二月の一年間に県内市場の競り名簿に記載された子牛の母牛六万二九五九頭。その血統構成比は鳥取系四二％、兵庫系三四％、島根系二三％の順だ。細かく見ると、気高系四二％、田尻系三三％、糸桜系二三％などとなっている。

こうしたことから、現在の宮崎牛の源流は兵庫、鳥取、島根系であり、さらに明確にいうなら田尻、気高、糸桜系が「三大ルーツ」ということになる。

改良の始まり

宮崎県の和牛改良の歴史を明治期からひもといてみる。この時代、小ぶりな体など在来和牛の欠点を補うため、全国的に外国種との交配が行なわれ、宮崎県でも外国種導入に関する明治初期の記録が残る。

少し時代を進めて、一九〇七（明治四〇）年の県内種雄牛一四一頭を見ると、在来種三八頭、外国種一二頭、雑種九一頭となっており、雑種が三分の二近くを占める。当時、県内で飼育されていた牛全体（二万二〇七三頭）でも雑種率は一六・五％に上り、九州では最も高い比率だった。ただ、外国種との雑種化は発育や体格の改善など利点だけでなく、肉の歩留まりが悪く肉質が低下するなどマイナス面もあったようだ。

大正期に入ると、雑種ではなく「改良和種」と呼ばれるようになり、県が奨励金などで候補種雄牛の育成を図る一方、大分、鳥取、広島県産の種雄牛が広く宮崎県内に導入され始めた。一九二〇（大正九）年には西諸県郡高原町《たかはるちょう》に県種畜場が開設されており、県有種雄牛の育成や払い下げ、民間種雄牛の育成受託などが行なわれていた。

和牛改良の流れは徐々に、しかし着実に加速。昭和期に移ると、輪郭鮮明で品位や資質に富んだ牛をつくろうと兵庫県から但馬牛を導入する農家も出始めた。

こうした改良に向けた動きが県全体としてまとまり、真の意味で宮崎牛の歴史が始まったといえるのが、一九三七（昭和一二）年だろう。この年、県は改良の明確な目標となる「日向種標準体型」とその体格審査標準、さらには牛の戸籍管理ともいえる登録事業を行なうための和牛登録規程を定めた。

前年、標準体型をはじめとする和牛改良の道筋を定めるに当たり、県畜産組合連合会が県の補助を受け、県内各地域の種雄牛と優秀な雌牛を選び、実態を調査している。早熟・早肥の兆しは認められたものの、体型など課題は山積。発育面では胸囲、胸幅、坐骨幅が先進地よりもはるかに劣っていた。

調査結果を受けて県畜牛協議会が開かれ、県知事の三島誠也を筆頭に農林省や県畜産組合連合会、各畜産組合、市町村などの代表、担当者らが出席。標準体型と審査標準を含む改良方針や、登録事業の実施などが決まった。

改良方針は宮崎県内の実態について「体格矮小、品位粗野にして後躯の発達不良である」「産肉性に乏しく経済上不利益である」などと欠点を列挙。こうした点を克服するため、黒毛改良和種（後の黒毛和種）の種雄牛を用いて、宮崎県の気候風土に合った役用としても肉用としても優れた品種を生み出すよう定めた。これは、農家が思い思いに交配を行なってきた結果、県内に存在する血統が粗雑で統一性を欠き、不良牛を産出する状況に至った反省と危機感に基づくものだった。

標準体型は生後三六カ月の完熟期で、雄雌別に体高や体長、胸幅、坐骨幅などの数値を細かく設定した。数値では表せない各部位の形状などについては言葉で具体的に表現。資質についても「雌雄それぞれの性相を現し、品位に富み、性質温順、体質強健で使役に適し、飼養管理容易で早熟早肥性があり、被毛繊細で密生し、黒色でかすかに褐色を帯び、皮膚薄く弾力に富み、触感柔軟なこと。肉付きは均等で弛緩してはいけない」と事細かに示している。

登録事業もまた体型や資質の統一と向上を目的とした。牛の戸籍ともいえる血統を記録・管理することで母牛や種雄牛候補として残すべき牛を選ぶ際の判断に役立て、さらには的確な交配をするためのデータベースとして活用するのが狙いだった。月齢や審査標準に基づく得点などによって予備登録と本登録の二種類を設け、本登録に合格した牛を「日向種」とした。

一連の取り組みは、元西臼杵郡畜連参事で当時は若手技術員だった鈴木日恵の提案がきっかけだった。鈴木は県畜産組合連合会に対して、牛の販路拡大と価格向上には登録事業による改良が不可欠であると主張。登録を始めるに当たり、県内優良牛の体型・資質を調査し、実態に即した改良目標である標準体型と審査標準、振興方針を定める必要があることを訴え、賛同を得た。

鈴木は西臼杵で畜産技術を指導するとともに、中国地方を毎年のように視察し、種雄牛の買い付けなどもしていたため、先進県との格差を痛感していたと思われる。宮崎県の和牛改良が大きな一歩を踏み出した際の功労者として記憶にとどめられるべきだ。

こうして本格的な改良が始まったわけだが、その進展は種雄牛の変遷に見て取れる。標準体型決定や登録事業開始の直前に当たる一九三六（昭和一一）年、県内の改良和種の種雄牛は二二五頭おり、内訳は県外産一四九頭、県内産七六頭。県外産のほとんどは鳥取県産で、ほかには大分、兵庫、広島県、京都府、鹿児島県産を用いていた。

その後は徐々に兵庫県産が台頭。戦後は兵庫、鳥取県産の種雄牛を車の両輪として改良が進み、宮崎県産の種雄牛の造成が図られた。この結果、昭和四〇年代後半には種雄牛の産地別頭数で宮崎県産が最多となる。

宮崎県の改良方法は独特だ。例えば、肉質の外見的な目安となる毛質が荒くなると兵庫（但馬）系を交配し、発育が遅れ体積が乏しくなると鳥取系を交配するといった具合に「肉質の但馬」と「肉量、増体の鳥取」の反復交配によって改良を図ってきた。

言葉で説明するのは簡単だが、狙い通りに交配の成果を挙げ、さらに交配によって得られた美点を子孫に遺伝させるには、種雄牛と雌牛それぞれの血統や遺伝的な特長を正しく把握するなどいくつかの条件がある。宮崎県では戦前から技術員はもちろん民間種雄牛の所有者や農家らの間で諸条件に対する理解が驚くほど進んでいたという。

ただ、この反復交配でも下腿幅や尻の形状、前背幅などに課題が残り、克服に向けて岡山県産の種雄牛を導入。昭和四〇年代後半から五〇年代前半までの一時期ではあったが、宮崎県の和牛改良の歴史において重要な役割を果たした。岡山県の系統に替わって利用が進んだのが島根県の糸桜系。さらなる肉質の改善を目指してのことだった。兵庫、鳥取県の系統とともに中核的な役割を担い続け、現在に至っている。

宮崎県は一九三七（昭和一二）年に「日向種標準体型」という目標、改良方針を初めて示して以来、産地としての実力を着実につけていった。和牛の肉専用種としての位置づけが固まりつつあった一九六六（昭和四一）年には「太りやすく、飼いやすく、しかも肉質の良い」をキャッチフレーズにした改良方針が定まり、現在の土台が築かれる。このフレーズは今の県肉用牛改良方針にも受け継がれており、産肉性や繁殖性、均一性の向上に重点を置いた集団的な改良を基本に据えている。

地域間競争

国内では古くから地域ごとに牛づくりが進められ、各地に特色ある産地が誕生した。宮崎県も郡市を単位とした改良の歴史を持つ。現在も家畜市場を有する七地域が競い合い、県全体のレベルアップにつながっている。

七地域とは県北部に位置する西臼杵（西臼杵郡）と東臼杵（延岡市と日向市、東臼杵郡）、県央部の児湯（西都《さいと》市と児湯郡）と宮崎（宮崎市と東諸県郡）、県西部の北諸県《きたもろかた》（都城市と北諸県郡）と西諸県（小林市とえびの市、西諸県郡）、県南部の南那珂《みなみなか》（日南市と串間市）を指す。

それぞれの特色について、全国和牛登録協会が一九八七（昭和六二）年に発行した「和牛種雄牛系統的集大成　改訂追補版」では次のように述べられている。

「西臼杵、東臼杵は兵庫県の但馬地方とよく似た地勢で、改良目標も資質重視の傾向があり、北諸県、西諸県、南那珂は粗飼料資源にも恵まれ体積豊かな牛となり、また県中部はこれらのほぼ中間の肉用体型を具備した和牛が生産される背景を持っている」

これはあくまで当時の様子であり、現在は県内の統一的な方針に従い、それぞれに質量兼備の牛を生産している。

和牛改良の草創期は高千穂牛で知られる西臼杵が他の地域を牽引。「高千穂牛物語」（高千穂牛物語編集委員会）によると、増体と肉量に優れる鳥取県産と肉質が高い兵庫県（但馬）産の交配を戦前から全国に先駆けて行なっていたという。

県主催としては初となる一九四九（昭和二四）年の県畜産共進会・和牛部門でも西臼杵が一位。このときの審査概評は郡市によって相当な実力差があることを指摘している。だが、和牛の経済的価値が徐々に高まり、食用に役割が特化されていく中、各地域で改良が進展。優れた種雄牛を得て脚光を浴び、市場が活況を呈する地域が時代ごとに生まれた。

西臼杵では鳥取・栄光系の初栄が宮崎県産の種雄牛として初めて全国和牛登録協会に育種登録され、その精液ストローは一九七〇（昭和四五）年から一〇年間供給された。その子富栄、奥高も秀でた能力を発揮するなど、地域のブランド力を高めた。

肉用牛産出額（市町村別）で全国一位を誇る都城市の都城地域家畜市場には、北諸県の功労牛として、兵庫県産菊波の顕彰碑が建つ。早世したため、供給期間は一九七三（昭和四八）年からわずか五年間。それでも、岡山「中屋《なかや》」系の種

宮崎県産の種雄牛として初めて全国和牛登録協会に育種登録された五ヶ瀬町生まれの「初栄」

雄牛「夏山《なつやま》」の娘牛との交配による産子が県内外で高く評価され、市場に多くの購買客をもたらした。近年では地元産の鳥取・気高系「勝平正《かつひらまさ》」の評価が高い。

県内では後発だった南那珂にあって、大きく潮目を変えたのが西臼杵産の気高系美福10。七二（昭和四七）年から精液が供給され、地域内の改良に貢献した。さらに、その息牛隆美によって産地としての基盤が確立した。近年では母の父に隆美を持つ「秀菊安《ひできくやす》」を生み出している。

子牛価格が低迷していた児湯では、八二（昭和五七）年に供給を開始した児湯郡川南町産の兵庫・田尻系糸秀が一気に状況を打開。その子牛を求めて全国から多くの購買客が訪れ、高値で取引される地域となった。三年後に供給を始めた鳥取・気高系隆桜も人気を集め、地域は大いに活気づいた。

宮崎県では一九八九年に田尻系安平が誕生し、黄金期が始まった。島根糸桜系でも一九九七年生の福之国、二〇〇三年生の「美穂国《みほのくに》」といった良牛を得ている。さらには気高系「忠富士《ただふじ》」が二〇〇二年に生まれ、その精液ストローは絶大な人気を博したが、二〇一〇年の口蹄疫で殺処分されてしまう。

和牛の改良や肉質を競う二〇一三年の県畜産共進会（県共）では、雌牛によって競われる肉用種種牛の部で西諸県郡市畜連が団体三連覇を果たした。二〇〇七年鳥取と一二年長崎の全国和牛能力共進会連覇にも大きく貢献した地域だが、こうした快進撃を支えているのが管内の小林、えびの市、高原町による熾烈な地域内競争。県共、全共の前ともなると、畜連とJA、市町の担当技術員が出品農家に何カ月も張りついて支援する徹底ぶりだ。高原町は一二年の第一〇回長崎全共で県代表牛を送り出せなかった悔しさから、若手、中堅、ベテラン、女性農家の四組織対抗による共進会を開くなど研鑽を重ね、二〇一三年の県共で見事に巻き返した。

西諸県郡市畜連参事の南谷康雅は二〇〇七年の第九回鳥取全共が、地域の成長する契機となったと考えており、「身近な地域内から日本一の牛が出たことで、やる気のスイッチが入った。『自分も相手も頑張れば、地域の底上げにつながる』という理解や『やったことが自信につながる』といった手応えが広がり、高いレベルでの競争意識が根付きつつある」と話す。

県共とは異なる視点から地域の現状を見てみる。

二〇一三年十一月現在で四一頭いる県有種雄牛の産地別頭数は、宮崎一二頭▽北諸県一一頭▽西諸県八頭▽南那珂四頭▽西臼杵三頭▽東臼杵一頭▽児湯一頭▽兵庫県一頭となっている。

次に子牛の数。宮崎県畜産協会のまとめによると、二〇一二年度に県内七市場の競り市で売却された子牛は五万六五九一頭。市場（地域）別の頭数は表①の通りで、都城（北諸県）と小林（西諸県）で五六％を占める。口蹄疫の被害が甚大だった児湯は、口蹄疫発生前の半数強にとどまる。

①宮崎県家畜市場別　売却子牛頭数（括弧内は順位）

市場	地域	2012年度	2011年度	2010年度	2009年度	2008年度	2007年度	2006年度	2005年度
宮崎中央	宮崎	7,714 (3)	7,328 (3)	6,560 (3)	8,281 (4)	8,429 (4)	8,271 (4)	7,599 (4)	7,486 (4)
南那珂	南那珂	4,360 (5)	3,943 (5)	4,321 (5)	4,334 (7)	4,271 (7)	4,311 (7)	4,171 (7)	4,283 (7)
都城	北諸県	16,333 (1)	15,915 (1)	17,475 (1)	18,424 (1)	18,954 (1)	19,263 (1)	18,971 (1)	19,265 (1)
小林	西諸県	15,095 (2)	13,595 (2)	15,146 (2)	15,935 (2)	15,851 (2)	15,528 (2)	14,935 (2)	14,783 (2)
児湯	児湯	5,145 (4)	1,400 (7)	956 (7)	9,496 (3)	9,406 (3)	9,003 (3)	8,879 (3)	8,840 (3)
延岡	東臼杵	4,066 (6)	3,936 (6)	4,169 (6)	4,715 (5)	4,790 (6)	4,694 (6)	4,586 (6)	4,524 (6)
高千穂	西臼杵	3,878 (7)	4,065 (4)	4,490 (4)	4,702 (6)	4,888 (5)	4,977 (5)	4,740 (5)	4,660 (5)
県計		56,591	50,182	53,117	65,887	66,589	66,047	63,881	63,841

②宮崎県家畜市場別　平均価格（税込み、括弧内は順位）

市場	地域	2012年度	2011年度	2010年度	2009年度	2008年度	2007年度	2006年度	2005年度
宮崎中央	宮崎	441,498 (1)	437,727 (2)	437,378 (2)	404,647 (1)	466,276 (1)	550,445 (1)	569,457 (1)	538,519 (1)
南那珂	南那珂	424,095 (5)	423,835 (6)	419,841 (3)	377,853 (4)	389,704 (5)	493,323 (7)	520,230 (7)	509,826 (6)
都城	北諸県	423,347 (6)	428,646 (5)	410,242 (7)	377,237 (5)	394,900 (4)	507,135 (4)	536,367 (4)	517,799 (4)
小林	西諸県	420,473 (7)	429,348 (4)	416,836 (5)	376,198 (6)	403,168 (2)	513,295 (2)	538,233 (3)	519,846 (3)
児湯	児湯	436,638 (2)	419,872 (7)	444,746 (1)	357,904 (7)	380,234 (7)	494,876 (6)	528,535 (5)	506,885 (7)
延岡	東臼杵	424,377 (4)	433,147 (3)	417,234 (4)	384,276 (2)	395,209 (3)	509,004 (3)	522,916 (6)	513,914 (5)
高千穂	西臼杵	425,689 (3)	445,349 (1)	415,858 (6)	382,363 (3)	388,710 (6)	500,883 (5)	542,577 (2)	522,928 (2)
県計		426,555	431,246	417,899	378,554	403,066	511,096	538,092	518,756

平均価格は県全体が四二万六五五五円。内訳は表②の通りで、一位・宮崎中央（宮崎）と七位・小林（西諸県）との差は二万一〇〇〇円だった。

売却頭数、平均価格とも二〇一〇年の口蹄疫の影響が考えられるため、その直前の二〇〇九年度の数字も表①、②に白抜きで示している。売却頭数は六万五五八八七頭。上位二市場は発生後と変わらないが、三位に児湯が入っている。平均価格は三七万八五五四円で一位・宮崎中央と七位・児湯とは四万七〇〇〇円近い開きがあった。

一九九三〜二〇一二年度の過去二〇年間の平均価格を見ると、宮崎中央が実に一六回も首位に立っている。特に他の市場との価格差が顕著だったのは二〇〇八年度。二位に六万三〇〇〇円、七位には八万六〇〇〇円もの差をつけている。

その背景について全国和牛登録協会宮崎県支部業務部長の長友明博は「全国トップクラスの種雄牛が宮崎中央管内で計画的に生産されたことにある」と解説。具体的には「スーパー種雄牛と称された安平の子牛が一九九四年度から市場に出始め、その頭数が多かったのが安平を生産した宮崎中央だった。その後も福桜、福之国、忠富士など、やはり宮崎中央生産の種雄牛たちが活躍している。これらの種雄牛によって母牛の血統も改良が進み、市場性がさらに高まった」と語る。

優秀な種雄牛と血統・能力に優れた母牛集団がいる地域（市場）には購買客が集まり、子牛価格がつり上がる。だからこそ、各地域は地元産の種雄牛づくりや母牛集団の改良に力を注ぎ、互いに競い合う。

多くの関係者は「改良にゴールはない」と口をそろえる。消費者が霜降りだけでなく、ヘルシーな赤身や肉のうま味を求め始めたように、時代のニーズは変化する。それぞれの地域が時代に合った牛づくりを模索し、次代を見据えて切磋琢磨する歴史はこれからも続く。

発展の礎

和牛が肉専用種としての性格を強めていった昭和四〇年前後。宮崎県内では時代の変化に対応し、新たな道を切り開こうという動きが起き、その後の発展の礎となった。このころに優良牛の増産へ向けた取り組みや、産地確立に不可欠な多頭化が始まり、将来を見据えた改良方針も定められている。

一九六一（昭和三六）年、東臼杵郡・旧東郷村（現・日向市東郷町）の寺迫地区で寺迫和牛改良組合が誕生した。この地区は和牛改良に非常に熱心なうえ、同じ系統の親子、兄弟、姉妹の関係にある良牛がまとまっていた。こうした事情を熟知していた一人の人物が「尾鈴山麓経済牛増殖計画」を練り上げた。平たくいえば、「儲かる牛づくり計画」といったところだ。

立案したのは、県家畜登録協会の技師だった黒木法晴《つねはる》＝宮崎市＝。戦後の宮崎県の和牛改良を牽引した功労者であり、全国和牛登録協会の中央審査委員などを歴任し、九〇歳に差し掛かろうとする今も、宮崎県立農業大学校で非常勤講師を務める。

黒木は当時、高度経済成長を背景に「個人所得の伸びに比例して牛肉消費は伸びる」と確信し、「肉利用に重点を置いた優良牛の増産に今から取り組んでおくべきだ」と考えていた。その実践の場として寺迫地区を選び、改良を指導していた児湯郡市畜連と農家から協力を受けて事業を進めた。

体型測定や血統調査などを基に優良雌牛を選抜し、地元種雄牛を使って指定交配。優れた子牛は売らずに保留に努め、同一系統の母牛集団をつくり、優良牛の増産体制を確立するというものだった。この結果、雌子牛の平均価格が五万～六万円だった時代に同地区の系統牛は平均四〇万円もの高値で取引されたという。

黒木はこうした育種学に基づく組織的な優良牛の生産方式を全県的に導入するため、一九六四（昭和三九）年に県へ陳情書を提出。すぐに県単独の「優秀個体計画生産事業」として児湯郡市を皮切りにほとんどの地域で実施され、大きな成果を上げた。成果に着目した国が、同事業をモデルにした「種畜生産基地育成事業」を全国的に実施したほどだった。

また、「優秀個体計画生産事業」が行なわれるに当たり、各地域では優生研究準備会が発足。全国和牛登録協会が展開する育種事業の実施に必要な育種組合への昇格を目指しての発足だった。

全国の主要産地にある育種組合は優秀な繁殖雌牛を選抜してエリート集団を構成し、そこから種雄牛を造成。地域の核となる系統づくりに取り組んできた。全国和牛登録協会が育種組合を認定し、各組合への指導、支援を行なっている。宮崎県内では東諸県郡和牛育種組合が一九七四（昭和四九）年二月に第一号となり、現在は五組合が認定されている。鹿児島県と並び全国最多の認定数だ。

こうした努力が連綿と続けられ、宮崎県の産地としての評価は高まっていくのだが、それは同時に和牛改良に不可欠な優良雌牛の流出危機を招くことにもなった。

一九九三年には名種雄牛・安平の間接検定の結果が出て、その名声はいよいよ高まり、安平の雌子牛を求める県外からの購買客が増加。自らの地域の改良、種雄牛造成に使おうという思惑からだった。

一九九七年の第七回全国和牛能力共進会岩手大会で宮崎県が好成績を収めると、そうした動きが加速。安平に加え、糸秀、安平と同じ母親から生まれた「福桜《ふくざくら》」などを父に持つ雌子牛にも〝県外マネー〟が集まった。行政や農協などから一頭につき数十万円といわれる補助金を得ていたため資金力は豊富。たちまち多くの良牛が流失した。

本来なら宮崎県で改良の基礎となる優秀な雌牛。各地域の畜連や農協、改良協会の代表らでつくる県家畜改良事業団・肉用牛部会では優良雌子牛の保留に向けた事業の必要性、緊急性が論じられ、県に実施を要請した。県は一九九八年、緊急対策事業として、各地域の子牛競り市場で認定を受けた優良牛を、地域内で繁殖雌牛として保留することなどを条件に一頭当たり三〇万円の補助金を交付した。補助額は減ったが現在も継続して優良雌子牛の保留は続けられ、改良の土台は守られている。

産地としての基盤確立には質の向上と併せ、量的拡大も必要だった。県内で多頭飼育が始まったのは一九六二（昭和三七）年。宮崎市福島町で当時経営していた原田徳一《とくいち》が先鞭をつけた。

このころは全国的に耕種との複合経営であり、県内でも農家一戸当たりの飼育頭数は一・四〜一・五頭。耕運機やトラクターの普及で役用として和牛を飼育する必要性が低下する一方、牛肉消費量は増加。和牛の「食いつぶし」現象によって全国で飼育頭数が減少し、増頭に向けた経営の多頭化が求められていた。

そのような中、原田は行政や関係団体と周到に準備を進め、二〇頭という当時としては驚くべき数の繁殖雌牛をそろえた。頭数もさることながら、都市近郊での多頭飼育は全国でも珍しく、県内外からの視察は年間六〇〇〇人を超えた。

この後も、国や県の補助事業などが拍車をかけて多頭化が進展。一九六〇（昭和三五）年に七万六七七〇頭だった県内の肉用牛総数は一九七〇（昭和四五）年には一五万一〇〇〇頭に増加。一戸当たりの飼育頭数も一・四頭から三・〇頭へと倍増した。

「肉量か、肉質か」。昭和四〇年前後、宮崎県和牛界のスペシャリストたちは宮崎牛の進むべき道を懸命に模索していた。すぐには軌道修正できない問題だけに、道を誤れば農家に多大な不利と負担を強いることになる。黒木法晴と県畜産課・肉用牛振興係長の長谷川百利《ももとし》、県総合農業試験場肉畜支場・肉牛科長の横田修（後に高原町長）ら五人で構成する通称「五人委員会」の深夜にまで及ぶ議論は、国内競争はもちろん、来るべき安価な外国産との競争をも視野に入れたものだった。

肉質に重きを置く方向でまとまりつつあったが、いかんせん外国産に関する情報が不足していた。黒木は思い切って、敵情視察のため欧州を訪れることにした。今と違って外国は遠い存在であり、旅費一〇〇万円は月給の二五倍。貯金と妻の金策、そして思いを同じくする人たちからの餞別で何とか工面した。

一九六六（昭和四一）年六月に出発。一カ月近くをかけて英国、フランス、スイスなど六カ国を歴訪。牛を見て牛肉を食べて、ブリーダー（家畜育種家）と語った。フランスでは世界が注目していたシャロレー種もその目で確かめた。その結果、「どれも肉質は和牛に遠く及ばない。たとえ肉量で劣ったとしても、その差を補って余りある。やはり肉質を追求すべきだ」との確信を得た。

帰国した黒木は五人委員会で視察の成果を報告し、肉質重視の改良を進めることで一致した。この年の暮れ、黒木は五人委員会での議論をまとめた「宮崎県和牛改良の方針」を県に提出。肉質を改良するための間接検定の充実や餌、運動の在り方、肉質との相関性に基づいた目指すべき外見などに加え、増体などについても具体的な改良の進め方を示した。

興味深いのは、この方針が三〇年後を見据えていた点。五人委員会は、繁殖基礎雌牛が次世代の子牛を産出する期間を五〇～六〇カ月と設定。一回の世代更新で可能な改良の進み具合を想定した上で、優良個体間の交配を七世代にわたって繰り返せば日本一の産地になると考えた。一九九五～二〇〇〇年の達成を見込んでいたのだが、宮崎県は一九九七年の第七回岩手全共において全一一区のうち計三区で優等首席を獲得するなど、日本一を視界にとらえた。そして二〇〇七年の第九回鳥取全共で悲願の日本一に輝いており、ほぼ五人委員会の構想通りとなっている。

改良方針を策定した際、横田が考案したキャッチフレーズが「太りやすく、飼いやすく、しかも肉質の良い」。経済動物である和牛の理想的な姿をとらえたフレーズであり、今も受け継がれている。夢のような内容だったが、五人委員会と多くの関係者、その後に続く人々によって実現に一歩ずつ近づき、ついには日本一へと上りつめた。

種雄牛の集中管理

宮崎県は県有種雄牛の集中管理による効率的な改良や、その精液を原則として県外に出さない独自のシステムによって優秀な血統を守り育ててきた。一九七三（昭和四八）年、全国で初めて種雄牛を一括管理し、人工授精用の凍結精液を製造・供給する県家畜改良事業団（高鍋町）が発足。宮崎ブランドの確立に向けた「オール宮崎」体制の始まりとなった。

種雄牛の管理は時代とともに人間の関与が深まり、高度化してきた。県内では古くから在来種の放牧による自然交配のほか、元気な雄牛を選んでの交配が行なわれていたようだが、「種雄牛」としての明確な役割を持った雄牛が出現した時期は不明だ。明治初期には外国種の短角種雄牛が導入され、その後は種雄牛を持つ「たねや」と呼ばれる個人が集落を巡回して種付けを行なうようになった。

宮崎県では、種雄牛の導入や育成、活用は民間主導で進められていたが、一九二〇（大正九）年に県営の種畜場が高原町に開設。先進県から種雄牛を購入、育成し、たねやに払い下げる形が生まれた。一方で、先進県に出向いて自らの目で吟味し、種雄牛を買い付け、販売や種付けを行なう人々もいた。

交配方法は依然として「なまづけ」と呼ばれる本交配だったが、昭和期に入って人工授精が広がり、宮崎県では一九五〇（昭和二五）年に初めて実施されている。当初こそ「人工授精で生まれた子牛は虚弱、奇形になる」といった風評も流れたが、急速に普及していった。

人工授精は「なまづけ」と異なり、種雄牛の移動が不要。精液の持ち運びは手軽であり、短期間ではあるが保存もできたため、同じ種雄牛を広い範囲で利用できるようになった。結果、種雄牛の必要数が減少し、一九五〇（昭和二五）年に二三五頭いた種雄牛は五年後には一八二頭に減っている。

人工授精の普及は改良の枠組みも変えることになった。広域で足並みをそろえた改良が可能となったことで、郡市単位で種雄牛を集約した管理体制がスタート。一九六〇（昭和三五）年以降、八つの郡市全てに種雄牛管理協会（西臼杵郡は県和牛生産改良センター）が設立され、精液の製造・配布が行なわれた。技術革新は進み、精液も保存期間が一週間程度の液状から凍結へと進化。凍結には液体窒素を用い、保存期間は半永久となった。

凍結技術の登場で精液の保存・移動の自由度は飛躍的に向上。郡市よりも広域な県単位で種雄牛を管理できる技術的な環境が整った。実行に移せば、改良が効率化するうえ、県全体の改良のばらつきをなくす均一化も進み、宮崎ブランドの確立に大きく寄与する。こうした判断から県は集中管理に向けて動き出した。

しかし、すんなりとは運ばなかった。同じ県とはいえ、それぞれの郡市はライバル関係。一歩でも抜きんでた種雄牛を生み出し、一人でも多くの購買者を引きつけ、少しでも高値で子牛を販売することにしのぎを削ってきた歴史がある。先人の努力を受け継ぎ、「地域で自由に種雄牛をつくりたい」という気概もあった。また、将来的な種雄牛の共通利用を念頭に「なぜ、苦労してつくり上げた種雄牛をよその地域に使わせなければならないのか」という思いもあり、強硬に反対する郡市もあった。

県と県家畜登録協会の懸命な説得によって反対していた郡市も同意。一九七三（昭和四八）年に県家畜改良事業団が発足した。各郡市から優れた種雄牛を選抜して県が購入。翌年八月までに民間所有牛を含めて五五頭が事業団に搬入され、集中管理が始まった。

製造された精液ストローは事業団から各郡市の家畜改良協会または農協に供給され、協会加盟または農協の人工授精師が県内農家だけに種付けをしてきた。

ただ、事業団の発足当初は各郡市とも、「自分たちの地域で生産した種雄牛を使いたい」「よその地域には自分たちの種雄牛を使わせたくない」という意向が強かった。このため、種雄牛は県有でありながら生産した郡市の「占有牛」に位置づけられ、県内全域で共通利用されることはなかった。

風向きを変えたのは、一九八〇（昭和五五）年に児湯郡市で生産され、全国区の種雄牛に上りつめた糸秀。その子牛を求めて全国から購買客が訪れ、一〇〇万円台の子牛が続出。平均価格で他の市場に大きく水をあけた。他の郡市からは「うちでも糸秀の種を使いたい」という声が出始め、事業団は集中管理する種雄牛を「共有牛」とする準備に着手。市場ニーズが肉量重視からサシ（脂肪交雑）重視へと移り、挙県一致の改良体制が求められている時期だったことも共有化を後押しした。そして一九九〇年、県内全域での種雄牛の共通利用が始まった。

その際、精液ストローの配分方法を決定した。まず、その種雄牛を生産した郡市に五割を保証。ほかの郡市に対しては残り本数の三割を均等割にし、七割を繁殖雌牛の頭数に応じて割り振った。この

「五・三・七」ルールはその後、「四・二・八」へと変わり、現在は「三・一・九」となっている。

「占有牛」の件でも分かる通り、各郡市の発言力は非常に強く、事業団発足後も各郡市が独自の判断で交配を行ない、種雄牛の候補となる雄子牛（月齢六〜七カ月）ができると事業団に購入を打診する流れだった。しかし、郡市間の実力差が問題となり、平成に入ったころから事業団が主導的に一から種雄牛を育てる現在の形になっている。

各郡市が発言力を弱めたというよりも、一致協力の機運が醸成され始めたといった方がいい。状況に変化をもたらしたのは当時、事業団の肉用牛部会を組織していた各郡市の畜連参事や農協の畜産部長ら。郡市の垣根を越え、専門性に基づいて宮崎牛の将来像を描いた。

事業団に対する周囲の信頼も時を経るほどに増していった。但馬（兵庫県）の種雄牛が求められていた一九九三年、取引価格が極めて高額ながら牛の能力がある程度判明しているオークションではなく、現地の一般の子牛競り市で「上福《かみふく》」など三頭を事業団が購入。連れ帰ったところ体が小さかったので、「牛を買っていいとは言ったが、これはヤギのようだ」と揶揄されたが、見込み通りに優れた種雄牛へと成長し、各郡市の事業団を見る目が変わった。

一九八九年には全国でいち早く血液検査に基づいた種雄牛の飼養管理を開始するなど、その管理技術は全国で高い評価を受ける。肥育技術もまたしかりだ。

また、全国各地へ足を運び、関係機関などと信頼関係を構築。他県を代表する精液ストローを入手し、種雄牛造成に役立てるなどしてきた。培った親密な関係は二〇一〇年以降の口蹄疫からの復興でも生き、青森、岩手、鳥取、大分など有力な和牛生産県から「全面的に支援する」「ストローを無償提供してもいい」といった申し出が相次いだ。

種雄牛の共通利用を機に県全体の底上げ、均一性の向上が進む宮崎県。その産肉能力や繁殖能力は全国に認められ、市場に活気を与えてきた。事業団常務理事の川田洋一は県外の関係者から「宮崎の育種改良は、どこにこだわっているのか」とよく聞かれるが、決まって「農家の収入」と答える。

「和牛はあくまで経済動物であり、農家が儲かり、メリットを得られる改良こそが原点。それは、消費ニーズに合った脂肪交雑や味をはじめとする産肉能力、そして繁殖能力（飼いやすさ）の追求ということになる」と川田。「過去の名牛の系統にこだわって失敗した県もある。栄光にとらわれず、優れた遺伝因子（精液ストロー）が県外にあれば足しげく通って分けてもらい、農家が望む付加価値を創出したい」という言葉は、後発県であったが故にさまざまな系統の美点を貪欲、柔軟に取り込みながら改良を重ねてきた宮崎県の歴史と重なる。

スーパースター

宮崎県の和牛改良の歴史を語るうえで、欠かすことができない種雄牛が二頭いる。原則、種雄牛が生まれた地域だけで使っていた精液ストローを初めて宮崎県全域に広めた糸秀。発育、肉質ともに優れた子牛が生まれるため、県外からも数多くの購買客を呼び込み、宮崎牛の名を一躍全国へとどろかせた安平。二頭のスーパースターは郡市単位の限られた地域の中で進められていた牛の改良に県全体で取り組むきっかけをつくり、宮崎ブランドの確立をぐっと推し進めた。

五年に一度、和牛の改良成果や肉質を競う全国和牛能力共進会が初めて宮崎県で開かれた一九七七（昭和五二）年の第三回都城大会が、糸秀を世に出した農家、甲斐栄＝川南町＝の原点となった。まだ一八歳、県立高鍋農業高校の三年生だった。

地元開催となった全共を一目見ようと、知人の農協職員の車に乗り込み、会場の都城地域家畜市場に駆け付けた。碁盤の上に立つ牛、引き手の思い通りに動く牛……。初めて目の当たりにする全国の舞台に圧倒された甲斐だったが、最も印象に残ったのはグランドチャンピオンを取った牛だった。「体積もあって王者の風格が漂っている。いつか自分もあんな牛をつくる」。最高賞の内閣総理大臣賞に輝いた島根県の牛の堂々とした立ち姿に、少年の胸はかつてないほど高ぶった。

それから三年後の一九八〇（昭和五五）年八月九日、二〇年にわたって精液約二二万本を供給することになる名種雄牛が、甲斐の牛舎で産声を上げた。その精液は郡市の枠を超えて広く使われ、地元の児湯地域家畜市場を県内トップ、さらには全国区に押し上げることとなる。

就農した甲斐は児湯郡市畜連の職員から「種も雌牛も県外から導入して一から新しい牛をつくってみないか」と勧められ、島根県のブランド「しまね和牛」誕生のきっかけともなった島根県の種雄牛第7糸桜を父に持つ雌牛「はらだ」を購入。費用は一三五万円と高額だったが、「借金をしてでも優れた種牛づくりに挑戦したい」と迷いはなかった。神戸ビーフとして名高い但馬牛（兵庫県）の血を引く秀安の種を付けたはらだは糸秀を産んだ。

今でこそ宮崎県内有数の畜産地帯となった児湯郡地域だが、糸秀の出生前は発育や肉質面で好成績を出す種雄牛が少なく、血統を重視する地元外の肥育農家の目にほとんど留まらなかった。糸秀が生まれた同じ年の平均子牛価格は二八万円前後。県平均（四〇万八〇〇〇円）とは一〇万円以上もの開きがあり、県内でも下位クラスだった。

そんな流れを、糸秀はがらりと変えた。県家畜改良事業団に登録された精液はまず、八二年に児湯地域を対象に試験的な供給が始まり、生まれた子牛は、サシ（脂肪交雑）を五段階で評価する検定で、県産牛として最高を記録。発育の目安となる一日当たりの増体量や、歩留まりの良さを示す枝肉重量でも宮崎県、全国の平均を上回り、種雄牛としての類いまれな資質を見せつけた。

八四年に精液ストローの本格供給が始まると、糸秀の評判は瞬く間に県内全域に広まった。九〇年代には糸秀の子牛の価格が、県平均を七万円上回り、県内外から多くの肥育農家らが児湯地域家畜市場に詰め掛けた。市場価格は県内の他市場より平均一〇万円の差がつき、一〇〇万円台の高値で買い取られる子牛も続出した。

市場を運営する同畜連参事の高野雄二は「ぐんぐん評価が高まった市場は県外の農家にも広く知られ、同じ場所とは思えないほど活気づいた。スーパースターはたった一頭で、何もかもを変える力を持っている」と肌で感じた。

優れた血統であるがゆえ、糸秀の精液ストローは宮崎県内で広く出回った。甲斐が胸を高鳴らせた都城全共から二〇年後の一九九七年、第七回岩手全共で戦いの舞台に上がった宮崎県代表牛二五頭のうち一〇頭は糸秀の子。手綱を握る出品者九人のうち、七人は児湯郡以外の農家だった。

甲斐自身も糸秀に導かれるように、その子牛で夢の舞台へと上がった。結果は優等六席とふるわなかったが、甲斐はその悔やしさ以上に全共で目にした光景が脳裏に焼き付いている。「他地域の一流農家たちが糸秀の子牛を引いていた。本当にすごい牛をつくったのだと実感した」

その糸秀の倍以上、四四万五〇〇〇本の精液ストローを供給した伝説の種雄牛・安平も、種雄牛づくりに懸ける農家と技術員の情熱の下、県外産の母牛から生まれた。

「奇跡的な存在。もうあんな牛はできないだろう」。安平の生みの親である永野正純《まさずみ》＝宮崎市佐土原町

＝は、そう振り返る。糸秀を送り出した甲斐にとって高校の先輩に当たる永野は県立高鍋農業高校を卒業後、一九六七（昭和四二）年に和牛繁殖を始めた。園芸が盛んな地元では畜産に力を注ぐ農家は少なく、優れた種雄牛は不在。宮崎郡市畜連管内で生まれる子牛の評価は低かった。

永野は同畜連にいた高校の先輩、長町正己《ながまちまさみ》＝宮崎市＝の「子牛が高値で売れる種雄牛をつくり、地元の畜産を盛り上げたい。協力してほしい」との頼みを快諾。岐阜県の市場価格を大きく底上げし、ブランド「飛騨牛」創設のきっかけともなった種雄牛「安福《やすふく》」の評判を聞いて、その娘牛「きよふく」を一九八七（昭和六二）年に導入した。

交配させる雄は、児湯郡にいたやはり「安福」という名の種雄牛。子牛の肉質が良いとの評判に加え、岐阜の種雄牛と同名だったことに不思議な縁を感じて精液を探したが、安福は若くして死んでおり、残された精液はわずか。ようやく手に入れた三本のうち最後の一本をきよふくに種付けし、安平が生まれた。八九年四月十二日のことだった。

種雄牛候補として県家畜改良事業団に買い上げられた安平は、八カ月時点で体重がすでに二七一kgに上った。一日に一kg以上太った計算になる。両親の安福ときよふくはともに、肉質は良いがあまり太らないとされる但馬系だったこともあり、「大き過ぎるからもう一回量ってこいと追い返されたこともあった」（永野）という。

新富町・児湯地域家畜市場内にある種雄牛「糸秀」の像

精液ストローの供給が始まると、増体、肉質ともに優れた子牛が数多く生まれ、市場では軒並み高い評価を受けた。安平の子は他の種雄牛から生まれた子牛と比べ、平均取引価格で七万円の差がつくこともあった。

偉大な種雄牛をつくり出した永野は「同じ名前に第六感が働いて、たまたまできた牛」と不思議な体験を振り返る。後進には「種牛づくりにマニュアルはない。挑戦あるのみ」と説く。

宮崎牛が初めて日本一の栄冠を手にした二〇〇七年の第九回鳥取全共では、安平を三代祖（父、あるいは母の父、母の祖父）に持つ牛が一二頭出場し、大会を席巻した。牛の性別や月齢などで九つに分かれた出品区分のうち、七区分を宮崎が制し、最高賞の内閣総理大臣賞も受賞。「宮崎牛」、そして安平の名は瞬く間に全国へ広がった。

宮崎牛の種雄牛やその候補として県家畜改良事業団が管理する計四一頭（一三年十一月現在）の三代祖には、糸秀や安平が今も数多く名を連ねる。二頭の功績をたたえるため、糸秀は児湯地域家畜市場に、安平は事業団に、それぞれ等身大の像が建てられている。深みがあって豊かな体積、堂々たる立ち姿からは、改良に注いだ農家と関係者の情熱が伝わってくる。

高鍋町の県家畜改良事業団の敷地内に建つ名種雄牛「安平」の像

後日談だが、糸秀と安平は使命を終えた後も、その功績をたたえられて事業団で余生を過ごし、糸秀は二〇〇二年八月に天寿をまっとうした。安平には一〇年五月、口蹄疫の発生を受けて殺処分される過酷な運命が待ち受けていた。

門外不出

二〇〇九年七月、宮崎県の畜産業界を揺るがす前代未聞の事件が明るみに出る。〇七年三月、県畜産試験場（高原町）の職員が、保管されていたはずの県有種雄牛の精液ストロー一四三本がなくなっていることに気付く。盗まれたのは、子牛の発育や肉質に優れ、県外から多くの購買者を集めて宮崎牛を全国に知らしめた安平、肉質が安定している福之国、安平と同じ母親から生まれた福桜らエース級種雄牛五頭の精液ストロー。試験場の元研修生が人工授精室内の保管箱から持ち出し、都城市の畜産業の男と家畜商二人の手によって北海道の獣医師を介して道内の牧場に売られていたほか、畜産県である岩手、三重、鹿児島県などの畜産農家へと渡っていた。

窃盗罪で逮捕、起訴された主犯の畜産業者は宮崎県警の調べに対して「買い手が多く、儲かった」と供述。盗まれた精液ストローに付いた値段は、一本数万円から二五万円と、県内で販売されている数倍から数十倍もの高値が付いていた。この事件によって、県有種雄牛の価値の高さが証明されることにもなった。

では、なぜ宮崎の種雄牛の精液にこれほどまでの価値が生まれるのか。県有種雄牛の精液ストローを管理する県家畜改良事業団が一九七三（昭和四八）年三月に設立されて以来、門外不出とする申し合わせが脈々と受け継がれ、宮崎県外にはほとんど流通していなかったからだ。

事業団設立直前まで各郡市がそれぞれで管理していた種雄牛は二〇〇～三〇〇頭。このうち発育や肉質など成績が優れていた五五頭を七四年八月までに県有種雄牛として選抜し、事業団が一元管理することになった。同時に、精液を県外に出さないための申し合わせも交わされ、県内八地域の家畜改良協会に所属する人工授精師だけが、事業団が管理する精液ストローを使うことができるようになった。これ以降、県有種雄牛の精液ストローが例外を除いて県外へ流出することはなくなった。

肉質の向上や増体に決定的な影響をもたらすストローは事業団が生産・管理し、関係団体に当たる各地域の家畜改良協会や全国和牛登録協会県支部が農家に供給、生まれた子牛はデータに登録してさらなる改良に生かす。さらに各農協が営農・飼育面で農家をサポートし、畜連が競り市を運営する……。行政と関係団体ががっちりとタッグを組んで和牛改良の入り口から出口まで隙間なく自己完結する「宮崎方式」は、事業団の設立によってもたらされた。

設立当初から八八年まで事業団運営委員長を務めた黒木法晴は、「当時の宮崎は畜産において完全な後進県だった。精液が県外に流れては県産子牛の価値が上がらない。確かなブランドを早急に確立させる必要があり、精液を外に出さないようにするのは自然な流れだった」と明かす。ただ、県有種雄牛を扱う人工授精師は県外や民間のストローを使えないという申し合わせもあり、結果的には民間の種雄牛業者や協会外の人工授精師など民業を圧迫する副作用をもたらした。

同じ畜産県である隣りの鹿児島県はどうだろうか。県と民間一五社が、競い合うように種雄牛をつくっている鹿児島では、県有種雄牛の精液は県肉用牛改良センターが管理し、宮崎県と同様に「県の財産」として原則県外に出していない。その一方で、民間の種雄牛を管理する業者はストローを地元に優先的に配布しつつ、求めがあれば県外にも販売。種雄牛の改良に関しては、県と民間が互いの精液を活用し合い、人工授精師は誰でも、両者の精液を自由に使うことができる。お抱えの授精師を持つのが当たり前の和牛繁殖農家にとっては使い勝手が良く、宮崎県の和牛改良の在り方に対して鹿児島県の畜産農家からは「農家を縛り過ぎでは」と指摘する声もある。

無論、宮崎県内でも精液ストローの扱いに対する制約に疑問を持つ関係者は当時から少なからずいた。「県有種雄牛だけでは血統のバリエーションが少なく、改良の面から考えても良くない。県外の精液を付けたいときは、一から授精師を探す手間がかかる」「県内の若者が資格を取り、人工授精師になっても、協会に入らない限り事業団の精液が使えないのはおかしい」。これらの声はやがて、県のストロー管理体制に風穴を開けることになる。

民間業者や農家からの告発を受けていた公正取引委員会は〇九年三月下旬、児湯郡市家畜人工授精師協会に対して、「西都市と児湯郡の会員外の授精師に精液を使わせないのは独禁法違反に当たる恐れがある」と文書で注意した。「同じ県内で、精液を使える授精師と使えない授精師がいるのは、公平性に欠ける」。突然の指摘により、精液管理の在り方が公に問われることとなった。

加えて、一〇年に発生した口蹄疫では、県有種雄牛が特例として避難を認められたにもかかわらず、民間種雄牛が殺処分された際、「誰もが精液を使うことができない種雄牛だけが守られるのはおかしい」との指摘もあり、行政側に改善を求める機運が一層高まる。

県は一一年十一月、事業団が管理する精液ストローの使用を人工授精師協会の会員外も認めると発表した。ただし、会員外の授精師が使用できるのは県有種雄牛の精液のなかでも使用頻度などから分けた三段階のうち、最もランクの低いものだけに限られた。「高値で取引される種牛の精液が使えないのなら、これまでと変わらない」「精液が県外に流れ、ブランドの崩壊につながらないか」。新たな精液の管理体制についても、県内の農家からは賛否両論が渦巻いている。

ところで、門外不出とされている県有種雄牛の精液が主に種雄牛の改良や繁殖用雌牛の造成などを目的として特例的に県外へ渡った例もある。二〇〇四年には、長崎県の種雄牛で、子牛の霜降り度合いなど肉質が当時全国最高の成績を残した「雲仙丸《うんぜんまる》」のストロー五〇本と安平のストロー一〇〇本を、同事業団と長崎県和牛改良センターが交換した。

また、〇五年に東北を代表するエース種雄牛「第1花国《はなくに》」と安平のストロー一〇〇本ずつを交換したつながりから、一〇年口蹄疫で本県畜産が壊滅的な被害を受けた際には、第1花国の精液一〇〇本が青森県産業技術センターから提供された。現在、事業団が管理する種雄牛候補の四頭の父牛には、第1花国が名を連ねている。

肥育の歴史（上）

日本で黒毛和牛が一般的に食されるようになったのは、江戸時代末期に横浜港が開港され、外国人向けに横浜市の居酒屋が牛鍋を出したことに端を発するとされる。しかし、日本で和牛の肥育が本格化するのは、それから約一〇〇年後のこと。まずは、和牛が役用から肉用へ変わりつつあった一九六二（昭和三七）年までの様子を紹介する。

昭和になってからの日本は一九三七（昭和一二）年、日中戦争に突入し、太平洋戦争の敗戦を迎えるまで戦争の時代に入る。陸軍将兵の食糧調達本部が広島県にあった関係で、西日本各県に歯ごたえがあり、脂が少ない缶詰用の牛肉が求められるようになった。農家側は買い上げ価格が安いことから、使役の中心となっていた雄牛や老牛、不良牛を優先して出荷。その結果、優良な繁殖雌牛をとどめることとなり、各地で改良が進んでいくことにもつながった。

昭和二〇年代に入って平和な世の中になると、すき焼きやしゃぶしゃぶといった日本独自の食肉文化が、関西を中心に普及し、牛肉の需要が伸びていく。特に煮ても固くならない上質な肉が重宝され、古くから霜降り肉を生産していた近畿地方には、肥育ブームが到来した。

昭和二〇～三〇年代の肥育は、主に三種類に分けられる。まずは、黒毛和牛の大きな特長に挙げられる霜降り肉の生産を目指す「理想肥育」。松阪牛の三重県や神戸ビーフの兵庫県、近江牛の滋賀県といった近畿地方のほか、米沢牛を持つ山形県などではそれ以前から取り組まれていた。体積や発育に優れる二～四歳の役牛を導入し、八カ月～一年間肥育する。優良な素牛を手に入れる必要があったことから、サシ（脂肪交雑）の入り具合で評価が高かった但馬地方の牛を容易に入手できる近畿地方で盛んになった。

近畿地方が肥育の先進地といわれるのは、極上の霜降り肉をつくるため、出荷前にタンパク質などを豊富に含み栄養価の高い濃厚飼料を多めに与える肥育技術がこの時期にすでに確立されていたからである。当時の牛の売買は枝肉を見て判断するのではなく、庭先で生きている牛を直接見て買い手が値段を付けていた。信用が全てであり、古くから理想肥育をしていた近畿地方の牛は高値が付いた。今なお全国に名をはせる近畿地方の老舗ブランド牛は、当時から高級食材として扱われていた。

次が子牛を二～三頭産んだ雌牛や八～一一歳までの老廃牛を一〇〇～一五〇日肥育する「普通肥育」。売値は理想肥育より安いが、役目を終えた牛に肉を付けて売り払うことで、農家の貴重な収入源になった。ついで「若齢去勢肥育」は、離乳直後から発育を促し、生後二〇カ月ほどで、体重四五〇kgほどに仕上げる。宮崎県では、一九五九（昭和三四）年からこの方法での肥育が普及していった。愛媛や徳島県などの四国地方のほか、鹿児島県は雌牛にもこの方法を適用して肥育していたという。この「普通」「若齢去勢」の方法では、肉にサシはほとんど入らなかった。

昭和二〇～三〇年代の先進地の近畿地方を除く各地では、野草や稲わらなどを粗飼料として、米や麦の糠、大豆かすを濃厚飼料として与えるなど、模索しながらの肥育だったといわれる。しかし、昭和四〇年代に入ると、やはり近畿地方において、成長段階ごとに飼料の種類や量を機械で自動的に設定できるシステムが確立される。生後六～七カ月の子牛を約二年間肥育して約六〇〇kgに仕上げ、従来の理想肥育と遜色ない結果を得た。昭和四〇年代後半には、この技術が全国に行き渡ることになる。

ここからは、宮崎県の肥育の歴史をひもといていく。繁殖ばかりが優先されたことで肥育の取り組みが遅れたといわれるが、県は一九五一（昭和二六）年にはすでに、肥育の普及を図るため、去勢牛を家畜のいない農家に、肥育が終わる二年後に代金を支払う条件で貸し付ける事業を始めている。ところが、去勢した牛は性格が温和になるため、ほとんどが使役に向けられ、肉用牛の普及にはつながらなかった。

そこで一九五九年、県は肉畜拡大事業を始める。農協ごとに農家に助成金を出して若齢去勢牛の肥育を奨励。体重約一六〇kgの生後五カ月の素牛を、約一年間肥育することで四五〇kgまで太らせることを目標とした。同時に農協組織とともに、甘藷を利用した粗飼料や里芋を原料とした濃厚飼料の与える量を数値化し、技術面でもサポートした。五年目となる六三年には、大阪市食肉市場で「第一回宮崎牛展示会」を開催。関西の畜産関係者に肉色や肉量、ロース芯の大きさで高く評価された一方、肉質のきめが荒く、サシの入りが優れていないと指摘された。

七〇年代に入ると、近畿地方の理想肥育のシステムが宮崎県にも伝わった。濃厚飼料を与える時期や量が見直され、霜降り肉をつくるための取り組みが始まる。七二年九月、農協の営農指導部門でもある宮崎県経済連内に、肥育農家を技術・経営面で支援する「肉用牛生産合理化推進協議会」が設立。翌年に、霜降り肉の生産を目指して、濃厚飼料や粗飼料の必要量、肥育期間や目標体重を定めた肉牛飼養管理基準を策定した。

同時に肥育の大規模化にも取り組んだ。当時二頭ほどだった一戸当たりの飼養頭数を伸ばそうと、七〇年には多頭肥育（三〇頭）のモデル農家五〇戸が生まれている。第一号農家の壹岐秀一＝西都市＝は「どんどん新しい情報が入ってきて、飼料が肉質に大きく影響することなどに驚きながらやってきた。多くの作業が手探り状態で苦労した半面、徐々に産地として確立していく手応えも感じていた」と振り返る。

肥育産地としての歩みを着実に進めていた宮崎県だったが、七七（昭和五二）年に都城市で開かれた第三回全国和牛能力共進会は、地元の畜産関係者に大きな衝撃をもたらした。「昭和五二年ショック」――。県家畜改良事業団や全国和牛登録協会の職員として、長年和牛改良に携わってきた黒木法晴は、宮崎県の肉牛肥育に訪れた大きな転機をそう呼んでいる。

枝肉の肉質を競う肉牛の部に県外代表として出場した宮崎県産子牛一五頭のうち、脂肪交雑などを争う理想肥育部門に出品した六頭の肉が、宮崎県から出場した二頭の成績を大きく上回った。優等三席に輝き、その枝肉に当時の平均相場の一〇倍となる八〇〇万円の高値が付いた香川県代表の「哲夫」（宮崎県北諸県地域で出生）をはじめ、Uターン出品の牛たちは高く評価された。宮崎県勢は種牛の部で三頭が優等首席に輝いて存在感を発揮する一方で、理想肥育部門の二頭は九、一五席と、トップクラスにはほど遠い成績だった。

黒木は「全国の関係者から『子牛は優秀だが、肥育のレベルが低い』と言われ、とても苦い思いをした」と話す。その悔やしさをばねに、宮崎牛は一〇年後のブランド化までの道を突き進むことになる。

肥育の歴史（下）

先進地との肥育技術の差をまざまざと見せつけられた第三回全国和牛能力共進会都城大会からさかのぼること六年。宮崎県の肥育の歴史に触れるうえで欠かすことのできない年として、子牛生産主体だった体制を見直し、繁殖から肥育・食肉処理まで地域内一貫生産体制へと転換を図った一九七一（昭和四六）年が挙げられる。県は肉用牛振興計画を策定し、七五年までの五年間、地元で肥育する子牛を一五万頭から二七万頭に増頭する目標を掲げた。

七三年のオイルショックによって輸入飼料が高騰した影響で目標を約九万頭下回ったものの、一部農家や地域で一〇〇頭以上を飼育する大規模な農場も徐々に増え、肥育が本格化するきっかけとなった。七二年には、一日に牛三〇頭、豚六〇〇頭の食肉処理が可能な県畜産公社の処理場が、児湯郡都農《つの》町に完成。その前年には近くの細島港と神奈川県の川崎港を結ぶフェリーが就航しており、枝肉で大都市圏へ一元出荷できる体制が整った。

しかし、肥育産地の確立のためには、肉質の向上という大きな課題が立ちはだかった。当時の県内の肉用牛飼養頭数は一八万頭。肉畜拡大事業により、県内で肥育の取り組みが普及し始めた五九（昭和三四）年の倍に達していたが、子牛の半数以上は県外に流出していた。県内で肥育された牛の枝肉はサシ（脂肪交雑）の入りや肉色に劣り、格付け結果は現在の肉質3等級程度の「中物」がほとんどで、肥育農家の収入は低迷。その一方で、県外へと流れた子牛たちの多くは「松阪牛」や「近江牛」といった、誰もが認める高級肉となって店頭に並んだ。当時すでに三八道府県から子牛を買い付けに来ていたというから驚きだが、「宮崎は子牛だけが優秀」という状況の裏返しでもあった。

この状況を打破しようと、宮崎県は七五年から肉質向上に取り組む。血統や外見などから年間一〇〇〇頭の牛を選抜。サシを入れるため、生後一八〜二〇カ月だった出荷時期を二四カ月まで延長。県や農協でその期間の飼料代の一部を補填し、加工した枝肉をフェリーに乗せて首都圏へ運び県産和牛を売り込んだ。農家間の競争意識を高めるため、枝肉の肉質を競う共進会を県畜産公社で初めてこの年に開催。これが、今なお続く和牛枝肉共進会の始まりである。ちなみに、牛の肥育期間を延ばして肉質を向上させる技術は昭和五〇年代後半に入ると農家に広く定着し、他県に劣らない上質な肉が次々と生産されることとなるが、それでも、現在の二八カ月程度と比べると、四カ月ほど短い。

試行錯誤を繰り返す中で迎えた七七年の都城全共では、同じ宮崎県生まれでも、県外に引き取られた優秀な子牛を肥育した枝肉が全国トップクラスの評価を得たのに対し、宮崎代表牛は優等賞の下位にとどまった。地元畜産関係者は、優良な肥育用の素牛を県内につなぎとめることが優先課題と受け止めた。当時、雌牛の県内保留率は五割だったのに対し、肥育素牛となる去勢牛の保留率はわずか二割弱。肥育農家は増えていたものの、まだまだ資質の高い子牛のほとんどが県外に流出しているのは明らかだった。当時、宮崎県内で肥育農家を営む一戸当たりの平均飼養頭数は一〇頭にも満たない零細農家ばかり。質の高い子牛を手に入れるには資金力に乏しく、県や農業団体のバックアップが必要だった。

八〇年、県産子牛を購入し、県内で食肉処理をすれば一頭当たり一万一〇〇〇円の奨励金を出す国の補助制度がスタート。八四年からは農協の営農指導部門を担う宮崎県経済連が子牛を年間二〇〇〇頭買い付け、県内の肥育農家に預託する取り組みも始めた。県は増頭のために畜舎の増改築をする中小農家に、費用の九割を無利子で貸し付ける事業もした。各地域の農協単位でも、子牛を導入する農家に対する補助が実施された。こうした補助制度創設の際には、宮崎県選出の衆院議員で畜産族の江藤隆美、堀之内久男らが農林水産省に強い影響力を及ぼした。畜産農家は、要望を国に届ける江藤らの強力な支援者となり、選挙の際には集票マシンになった。

これらの取り組みや地域内一貫生産へ農家の意識が高まったことに加え、子牛価格の低迷や円高による飼料安が重なる運も味方にした。二割に満たなかった去勢牛の保留率は年々上昇し、ブランド「宮崎牛」が誕生する八六年には四割になった。当時の県畜産課肉用牛振興係長の足利忠敬＝宮崎市＝は「このとき、ようやく肥育産地としての地盤が固まったといえる」と語る。

優秀な血統の誕生にも触れておきたい。時を少しさかのぼって七〇年代後半。当時、全国の産地が競って霜降り肉の生産を目指していた。一般に「牛肉は血統、豚肉は餌」と言われるほど、牛の血統は肉質に決定的な影響を与える。当時、宮崎県産和牛における血統の主流は、兵庫県の田尻（但馬牛）、鳥取県の気高、岡山県の中屋の系統だった。しかし、川南町の若手繁殖農家だった甲斐栄が、肉に霜が降ったようなサシが入るとして評判だった島根県の種雄牛第7糸桜の血を引く雌牛はらだを導入。この新しい取り組みが、肥育レベルをさらに押し上げることとなる。八〇年、はらだから生まれた糸秀の子牛は、検定でサシの入り具合が県産牛としても最高の数字をたたき出すなど、安定してサシの入りに富んだ上質な肉が生産されるようになった。

余談になるが、最後にこぼれ話を紹介したい。肥育において宮崎県が後進県だったことに違いはないが、全国を驚かせたこともある。発育の良さ、つまり牛が「よく太る」ことは、肥育で重要視される要素のひとつだが、その目安となる一日当たりの増体量で、全国の関係者が長年待ち望んでいた一日一kgを宮崎県が日本で最も早く達成した。七三年に宮崎県総合農業試験場肉畜支場が管理する種雄牛「山本」の産子たちが、その記録を達成。当時の平均は〇・七五〜〇・八kgで、「当分は破られない記録」と、全国の関係者から絶賛された。

ブランドの誕生

「副賞として、宮崎牛を丸ごと一頭分贈呈します」。一九八六（昭和六一）年十一月の九州場所。優勝力士の横綱千代の富士に、宮崎県知事・松形祐堯《すけたか》が県知事賞を手渡すと、会場から大きなどよめきが起こった。今なお続く大相撲優勝力士への県知事表彰は、宮崎で育った肉質4等級以上のブランド牛「宮崎牛」を世に広めるきっかけとなった。それまで、農協の販売部門を束ねる宮崎県経済連（経済連）が「宮崎牛」と表示した牛肉を売ってはいたが、明確な定義はなかった。

ブランド牛の歴史にくわしい京都大学名誉教授の宮崎昭（畜産資源学、国際畜産論）によれば、有名ブランド牛の設立年代は、大きく三つに分けられ、宮崎牛はその中で最も新しいカテゴリー（範囲）に分類される。

宮崎牛が立ち上がった当時は、牛肉の輸入自由化が現実味を帯びてきていた時期。自由化の九一年前後は、全国でも各産地が自由化を見越し、または決定を受けて差別化戦略としてのブランドを立ち上げた。八六年にブランド化した宮崎牛はその先駆けだった。八八年の岐阜県の飛騨牛や九〇年の佐賀牛、九二年の鹿児島黒牛などのブランドも後に続いた。交雑種や乳用牛のブランド化が広がったのもこのころである。

最も歴史が古いのは、食用として牛肉が奨励された明治時代前半。ブランド牛の絶対王者として君臨し続ける松阪牛（三重県）や江戸時代末期に使役牛だった但馬牛を外国人が解体し、そのおいしさが全国に広まった神戸ビーフ、江戸時代から味噌漬や干し肉として将軍家へ献上されていた近江牛（滋賀県）といった老舗ブランド牛が生まれた。

次が昭和四〇～五〇年代。高度経済成長に後押しされ、牛肉そのものの消費量が伸びる中、より高品質な肉の需要が高まった時代だ。それまでブランドといえば、松阪牛、米沢牛、神戸ビーフ、近江牛くらいだったが、岩手県の前沢牛や宮城県の仙台牛が新たに加わった。宮崎牛がこうした全国ブランド牛との競争の舞台に上がった年として、一九八六年は記憶されることになる。

宮崎県が子牛産地から県内で肥育、販売まで手掛ける地域内一貫生産体制へと転換を図った七一年以前から、すでに関係者はブランド化を切望していた。宮崎牛誕生時、県畜産課で肉用牛振興係長を務めていた足利忠敬は「統一した定義もなく、宮崎は優良な子牛産地ではあっても、上質な肉の産地というイメージはなかった。県内全体に繁殖だけでは子牛相場に振り回されてしまう危機感が募っていた」とその理由を語る。

六七年に都農町で開かれた当時の県知事・黒木博と若手畜産農家との意見交換で、黒木が「本県和牛の伸びは全国一。もう神戸牛や但馬牛の時代でなく、宮崎牛を堂々と売り出す時期にきており、そのためには枝肉での出荷が必要」と述べていることからも、銘柄化は長年の悲願だったことが分かる。

ただ、ブランド化には、超えねばならない壁も多かった。六九年、当時の県畜産課長は、宮崎日日新聞社の取材に対し、次のようにコメントしている。「枝肉として出荷するための流通面の改善や生産者の肥育技術の遅れなど、課題は多い。宮崎牛売り出しを実現するまでにはある程度の期間が必要といえる」

しかし、七二年に県や農協グループが出資した県畜産公社の食肉処理工場が都農町に、七九年に県や経済連、全農などが出資した宮崎くみあい食肉の処理場が旧北諸県郡高崎町に設立されると、牛だけで年間約二万五〇〇〇頭分の枝肉出荷が可能となった。血統の改良や肥育農家の技術向上も進み、県内各地で「都城牛」や「西諸牛」といった県産肉が多く販売されるようにもなった。足利は「工場が稼働し、取引する上で重要なロットの確保という課題もクリアした。県内に散在する小ブランドを束ねてPRしようという機運は一気に高まった」と振り返る。

そして八六年十月、経済連会長の長友安盛をトップに、県や経済連など一五団体で組織する「より良き宮崎牛づくり対策協議会」が立ち上がり、悲願だったブランド「宮崎牛」が誕生した。名称は「日向牛」も候補に挙がったが、すでに宮崎牛として販売していたり、大阪での枝肉展示会へ「宮崎牛」の名で出品していたりしたことから、関係者の混乱を避けるため「宮崎牛」に決まった。ロゴは「宮崎の牛は大きくて力強い」というイメージで県外のデザイナーに発注し、それが今も使われている。

「食肉販売店等が『宮崎牛』として表示販売を行なうことのできる牛肉は、最長飼育地が宮崎県の黒毛和種で、日本食肉格付協会による格付において、肉質等級が4等級以上のもので、血統が明らかなものとする」。これが宮崎牛の定義だ。宮崎ゆかりの牛に限るため最長飼育地を宮崎としたが、当時は特に県西部において、鹿児島生まれの牛を飼養していた農家も多かったことから、出生地や血統までは縛りをかけなかった。また、県産牛肉の肉質レベルを押し上げた県有種雄牛糸秀や異父弟の隆桜の精液が県内全域に普及、歩留まりやサシ（脂肪交雑）に優れる牛が地元で多く生まれ、品質に自信がついたことから肉質を4等級以上に限定。「今、味は全国区、宮崎牛」とのキャッチフレーズと一緒に売り出した。同時に、「どこで宮崎牛が買えて、どこで宮崎牛が食べられるのかが分からない」との消費者の声に応えるため、県内で宮崎牛を取り扱う販売店を表示する指定店制度を始めた。

ようやく立ち上がったブランド牛を販売していくうえで、PRは喫緊の課題だった。「全国に発信できる仕掛けはないか」。足利ら県畜産課と経済連肉用牛課の職員らは頭を悩ませていた。宮崎市で行なうプロ野球・巨人軍キャンプやプロゴルフトーナメント「ダンロップ・フェニックス」での贈呈を打診したが、どちらからも断られてしまう。そんな中、持ち上がったのが、大相撲の優勝力士への贈呈だった。

大相撲の優勝力士への初めての宮崎牛贈呈。当時の宮崎県知事だった松形が千代の富士へブロンズ像を手渡した＝1986年11月

しかし、優勝力士への表彰の順番は例外を除いて首相、開催県の知事、各国大使館、都道府県、民間団体……と続く。より良き宮崎牛づくり対策協議会からの贈呈では、順番は最後の方に回されてしまい、テレビ放送の時間内には入らない。そこで名称を「宮崎県知事賞」とし、協議会の名誉会長である県知事から牛を贈呈することにし、都道府県に準じる扱いにしてもらった。当初は生きた牛を一頭連れて行く計画だったというが、日本相撲協会に断られたため牛をかたどったブロンズ像を贈るようになった。他県からは「やられた」と恨み節が聞こえたり、「三〇〇万円で一枠譲ってくれ」と頼まれたりと、反響は想像以上。余談だが、当時、「ヒョー・

ショー・ジョー」のフレーズで茶の間の人気者だったパンアメリカン航空極東地区広報担当支配人デビッド・ジョーンズ登場の前後に宮崎県知事賞の贈呈ができるよう相撲協会に頼み込んで実現した経緯もある。

ブランド化された宮崎牛はその後、宮崎市佐土原町の農家、永野正純が世に出した伝説の種雄牛・安平、その異父弟・福桜の登場によってさらなる進化を遂げる。八七年、岐阜県の種雄牛・安福の娘牛「きよふく」から生まれた二頭の産子は、ロース芯面積の大きさや歩留まりの良さ、きめ細やかに入るサシが高く評価され、宮崎牛は全国の畜産関係者に広く認知され始めた。さらに、二〇〇七年の全国和牛能力共進会鳥取大会では、この二頭の子牛たちが主役となり宮崎牛旋風を巻き起こすこととなる。

和牛のオリンピック

和牛改良の三大系統として全国に知られる田尻系の兵庫、糸桜系の島根、気高系の鳥取のほか、近隣の岡山、広島、山口の六県から九九頭が参加し、一九六六（昭和四一）年に岡山県で開かれた第一回全国和牛能力共進会。六県以外は、対等に戦える牛がそろわず、主催する全国和牛登録協会は出場を認めなかった。無論、役牛としての利用が六〇年代まで続き、肉用としての歴史が浅かった宮崎県も三頭を参考出品しただけ。土俵に上がることすら許されないほど先進地の中国・近畿地方とそのほかの地域とでは、改良技術に大きな差があった。

二〇一二年に長崎県で開かれた全共で連続日本一に輝き、今でこそ和牛産地として不動の地位を築き上げた宮崎県だが、全共覇者の変遷をたどると、先進地の背中を追いかける時代が長く続いたことが見て取れる。

全国和牛能力共進会とは五年に一度開かれ、全国各地から優れた黒毛和牛が集まる国内で最も大規模な共進会。略して「全共」は「和牛のオリンピック」とも呼ばれ、種雄牛や繁殖雌牛の改良技術を競う「種牛の部《しゅぎゅう》」と、肥育技術を競う「肉牛の部《にくぎゅう》」の二部門がある。さらに性別や月齢などで出品区分を分け、体型や立ち姿などから種雄牛や繁殖雌牛としての資質を競う区分や、地域の改良基盤となる母牛複数頭の能力にばらつきがないかを評価する区分、同一種雄牛の産子の肉質で争う区分など、さまざまな視点から優秀な牛を選ぶ。

両部門で最も優れた出品区には、それぞれに最高賞の内閣総理大臣賞が贈られる。明確な定義こそないが、一般にこの賞を手にした地域に日本一の称号が与えられる。

改良の成果が問われる種牛部門の内閣総理大臣賞を受賞した産地の歴史をたどると、第二回の開催県鹿児島が取ったのは例外として、第一回大会は岡山県、第三回は島根県、第四、五回は広島県と、グランドチャンピオンに輝いたのは先進地の中国地方ばかりだった。

しかし、一九九二年の第六回大分大会では、全国に名をはせたスーパー種雄牛「平茂勝《ひらしげかつ》」を、種雄牛候補の資質を競う1区に送り込んだ鹿児島県が、第七回は開催県の岩手が最高賞を獲得した。第八回の内閣総理大臣賞は岐阜県が取ったものの、鹿児島県が種牛の部1～6区全てで優等首席に輝き、大会を席巻。受賞県が徐々に東北や南九州に移っていったのが分かる。

宮崎県の和牛改良に長年携わってきた黒木法晴は「後進県のなかでも一次産業が盛んな東北や南九州が、先進地に追い付け、追い越せと熱心に改良に取り組んだ証拠。いつの間にかお隣の鹿児島が強力なライバルになっており、全共の結果を見ると、『産地は動く』との言葉を実感する」と語る。

後塵を拝していた宮崎県も、初の地元開催となった七七年の第三回都城大会で、三頭が優等首席を獲得。一〇年後の第五回島根大会では、スーパー県有種雄牛糸秀の父秀安を父に持つ牛が首席に輝いた。続く第六回大分、第七回岩手大会では、糸秀を父に持つ牛二頭を含む三頭が首席に選ばれると、宮崎の名は徐々に全国に知られるようになり、糸秀が生まれた児湯郡の児湯地域家畜市場には、全国から購買者が押し寄せた。

第四回福島大会に初出場して以来、これまで計六度、全共の舞台に立ったベテラン繁殖農家の永友浄《しずか》＝都農町＝は「優れた種雄牛の誕生だけが勝因ではない。全共出場を重ねるごとに体型の調整や、牛を思い通りに操る調教といった農家の技術が上向き、他県からも一目置かれるようになった」と話す。

一方、枝肉の質を競う肉牛の部では、なかなか結果を出せなかった。七〇年の第二回鹿児島大会で大分県、八二年の第四回福島大会で鹿児島県と、早い段階で、同じ後進地だった九州が内閣総理大臣賞を受賞。対する宮崎県は九二年の第六回大分大会まで、肉牛の部で優等首席を獲得することができなかった。大分大会に肉牛一頭を出品し、優等九席にとどまった日南市北郷《きたごう》町の肥育農家、蓑毛《みのも》稔治《としはる》は「全共で勝つなんて考えてすらいなかった。結果うんぬんよりも自分の実力を確認する場所だった」と明かす。

多頭飼育で多額の資金を必要とする肥育農家自体が少なく、ノウハウの蓄積もなかった肉牛の部にも大きな転機が訪れる。九七年の第七回岩手大会では、宮崎県を代表するスーパー種雄牛・安平の弟・福桜を父に持つ三頭が県勢初の優等首席に輝いた。一般的に牛の肉質は七～八割が血統によって決まるといわれる通り、糸秀や安平など優秀な種雄牛の台頭が肉牛の質も高めた。

餌の配分や量、牛にストレスを与えない環境づくり……、血統だけでなく肉質向上のために肥育農家にも求められる技術は多い。牛の世話係として、第七回岩手大会に同行したJA宮崎経済連肉用牛課長の有馬慎吾は「全共では通常より半年若い生後二年時点での肉質を競うため、優れた血統の魅力を最大限に引き出す生産者の腕も重要。このころから血統と技術の両輪がかみ合ってきた」と語る。

続く二〇〇二年の第八回岐阜大会では、種牛四頭と肉牛三頭の計七頭を一組で審査する総合評価群で肉牛三頭が最高評価を獲得する。そして、〇七年の第九回鳥取大会では肉牛部門三区分全てで優等首席を獲得したほか、内閣総理大臣賞を受賞。出遅れた肥育技術でも、全国トップクラスに達したことを知らしめた。

鳥取大会では種牛部門でも七区分中五区分で優等首席に輝き、最高賞にも選ばれた。品質が確かでも強力なアピールポイントに欠けていた宮崎牛はついに「日本一の和牛」の称号を手にすることになった。

初の日本一

「内閣総理大臣賞、種牛の部4区、宮崎県。肉牛の部8区、宮崎県」。二〇〇七年十月十四日、鳥取県米子市の全国和牛能力共進会鳥取大会特設会場に、宮崎県勢の最高賞獲得を告げるアナウンスが流れた。同一県の両部門制覇は第三回都城大会の島根県以来、実に六大会、三〇年ぶり。会場を埋め尽くした全国の畜産関係者から、称賛の大歓声と拍手が鳴りやまない中、4区（系統雌牛群、四頭一組）の出品者、林秋廣《あきひろ》＝高千穂町＝は満面の笑みを浮かべ、目の前でおとなしく立つ「ちよひら」の頭をそっとなでた。

一九八七（昭和六二）年、林は家族旅行の途中に、何げなく第五回島根大会の審査会場に立ち寄った。そこで目の当たりにしたのはグランドチャンピオンに輝くこととなる広島県の牛。「明らかに県内で見る牛より体格が良く、堂々としている。それでいて主人の言うことをしっかり聞き、微動だにしない」と驚き、「こんな牛をつくり、この場所で認められたい」と全共への挑戦を決めた。林はその後、県内他地域の品評会に頻繁に顔を出しては子牛を見定め、優秀な血統や優れた農家をチェックした。手綱一本で牛を思い通りに操る「調教」も何度も練習した。二〇年後の鳥取大会。林は見事に全国一と評価される牛を育て上げ、最高の栄誉を手にした。

受賞を喜ぶ理由はもうひとつあった。鳥取大会の代表牛を選ぶ宮崎県予選の一カ月前、高千穂チームの四頭のうち二頭に戦力外通告がなされた。林が出品した4区の「系統雌牛群」は四頭一組のセット出品で競い、体格や品位など特長にばらつきがないか均一性が勝負を分ける。代表牛を選抜する全国和牛登録協会宮崎県支部が品評会などで掘り起こした二頭が、新たに加わることとなった。

「申し訳ないが、ここまで」。大会に向けて一年以上ともに戦ってきたチームの半分が直前で入れ替

第９回全国和牛能力共進会鳥取大会　宮崎県勢の優等首席牛

【種牛の部】	▼２区	「かみさつき」	興梠　哲法（高千穂町）
	▼３区	「まみ」	一万田七郎（国富町）
	▼４区	内閣総理大臣賞も受賞	
		「ふくみつ」	佐藤　泉（高千穂町）
		「たかひめ９」	井植　盛行（同）
		「ちよひら」	林　秋廣（同）
		「ゆりふく」	甲斐　辰己（同）
	▼５区	「たかこ」	川上　芳明（宮崎市）
		「さくら」	増田　純一（同）
		「さかえ」	渡部　利明（同）
		「やさか」	緒方　セツ（同）
	▼７区	「ひろみ」	山下　広次（小林市）
		「さやか」	永野　博文（同）
		「ふくひめ」	山田　真司（同）
		「ひろこ」	入佐　久男（高原町）
		「糸安」	山下　一二（小林市）
		「大國」	馬場　牧場（同）
		「凛」	ＪＡ　綾町（綾町）
【肉牛の部】	▼８区	内閣総理大臣賞を受賞	
		「光」	ＪＡ宮崎中央（宮崎市）
		「大平１４」	小倉　光彦（同）
		「正太」	同
	▼９区	「日向之安」	福永　昇（三股町）

わった。「戦わずして落選した人の分まで、頑張らなければ。トップを取らないと顔向けできない」。チームのリーダー格だった林は、二頭を外す決断を了承した責任を感じていた。

同支部の判断は正しかったことは結果が証明した。新態勢で挑んだ4区の高千穂チームは優等首席を獲得したうえ、日本一の称号が付与される内閣総理大臣賞も受賞した。林は「結果発表で『宮崎』の名前が呼ばれ過ぎて驚いた。日本一の実感はなかったが、審査に並んだ牛を見ていて、自信を持って宮崎の牛が一番良いと思えた大会だった」と語る。

第９回全国和牛能力共進会鳥取大会で最高賞の内閣総理大臣賞に輝いた４区・高千穂チーム＝ 2007 年 10 月、鳥取県米子市

鳥取大会では優等三席だった1区（若雄）、同二席だった6区（高等登録群、三頭一組）を除き、七区分で首席に輝いたほか、各区分の上位六席までに与えられる点を合計して決まる団体賞を受賞。種牛・肉牛両部門で最高賞の内閣総理大臣賞も獲得した。

先人たちの熱心な改良や農家ら関係者のたゆまぬ努力、細やかな出品牛への配慮……。鳥取大会は、いくつもの要因が重なったからこその完全勝利だった。

発育や肉質に優れる子牛が安定して生まれるスーパー種雄牛糸秀や安平の存在は結果を大きく左右した。鳥取大会に出場した二七頭のうち、この二頭のいずれか、またはどちらともを三代祖（父・母の父・母の祖父）に持つ牛は、実に一九頭を数えた。肉牛の部で内閣総理大臣賞に輝いた8区（若雄後代検定牛群、三頭一組）の三頭はいずれも、安平の子牛である県有種雄牛「安平桜《やすひらざくら》」を父に持っていた。生まれ持った資質の高さは、快挙達成の礎となった。

勝因はそれだけではない。大会にかける関係者の意気込みも違った。各地の農協や畜連の技術員は毎日早朝から農家に張り付いた。ブラッシングや引き運動、毛刈り……。誰もが生産者に負けないほど牛に愛情を注ぎ、ささいな体調の変化も見逃さないほど出品牛への理解を深めていた。

加えて、周囲のサポート体制も徹底していた。一二時間以上もの間、陸路をひた走る鳥取までの移動は、牛の体調や体重に大きな影響を及ぼす恐れがあった。移動中に与える餌にはストレスを軽減する薬を混ぜ、サービスエリアなどで停車する度に、同行している獣医師が異変がないかチェックした。現地では毎朝車で往復九〇分かけ、ミネラルを多く含む名水で知られる大山《だいせん》の麓まで牛の飲み水をくみに行った。

3区（若雌）で優等首席に輝いた一万田七郎《いちまんだしちろう》＝東諸県郡国富町《くにとみ》＝は「餌の食い込みもすこぶる良く、体調を壊す牛は一頭もいなかった。勝つための手だては、それは徹底していた」と感慨深い。

出場牛を選ぶ県予選の審査を務め、本選でも県勢に同行した全国和牛登録協会宮崎県支部業務部長の長友昭博は大会を振り返る。「宮崎県で和牛改良に携わった全ての人が待ち望んだ瞬間だった。少し出遅れたが、いよいよ宮崎牛が全国へ羽ばたくと確信した」

しかし、その三年後。宮崎県の畜産に壊滅的な被害を与えた口蹄疫が発生する。時を重ねて築き上げられ、ようやく花開いた宮崎ブランドが崩壊の危機に追い込まれようとは、当時歓喜に包まれた和牛関係者の誰もが予想していなかった。

コラム

全国和牛能力共進会とは

五年に一度、和牛の改良成果や肉質を競う全国和牛能力共進会。牛の性別や月齢で出品区分を設け、さまざまなポイントで優秀な産地を競う国内で最大級の共進会だ。出品区分の数や内容は、時代に応じてさまざまに変化しており、今後も形を変える可能性がある。ここでは、現在九区分ある出品区の内容を紹介したい。

1区（若雄）は将来エース種雄牛として活躍が見込まれる若牛を出品する。2、3区（若雌）はいずれ産地を背負う母牛となる若雌が出場。成長段階ごとの状態を細かに見るため、2区は生後一四～一七カ月、3区は一八～二〇カ月と、月齢を数カ月刻みで設定している。以上の三区分はいずれも、深み（背中から腹までの長さ）や体長（肩から尻までの長さ）といった体型の美しさや立ち姿などから牛の資質を競う。

4区の系統雌牛群は、各都道府県で改良に多く使われた系統の牛（雄、雌問わない）の改良成果を評価。同じ地域の四頭を出品する。特色評価という独自の審査基準があり「体上線」（背中のライン）や「顔の品位」など一六項目から、出品者自らが選んだ特長三項目で審査される。選んだ特長が四頭にしっかり出ているほど高評価となる。

5区は繁殖雌牛群。改良の基盤となる繁殖雌牛四頭をセットで出し、体型などにばらつきがないかを審査する。三回以上出産している牛で、初産が二八カ月未満、分娩間隔が四〇〇日以内などの条件をクリアした牛たちで競う。6区の高等登録群は母、子、孫の雌牛三代を出品。世代が下るごとに分娩間隔や体型といった親の欠点が改善されているかをみる。

7区は種牛四頭、肉牛三頭の評価の合計を争う総合評価群。同じ種雄牛の子七頭を出品し、種牛は体型などにばらつきがないか、肉牛は肉の光沢や締まり、サシ（脂肪交雑）の入り具合を競う。8区は若雄後代検定牛群。同じ種雄牛を父に持ち、かつ異なる母牛から生まれた二四カ月未満の雄牛三頭を一組として出品する。肉質、肉量の平均値が高く、三頭の個体間差が少ないほど上位となる。9区の去勢肥育牛は二四カ月未満の肥育牛を単品で出品し、肉質や肉量を争う。

宮崎県は二〇一二年の第一〇回長崎全共で2、3、4、7、9区で優等首席に輝いたほか、7区で内閣総理大臣賞を受賞。各区分の優等六席までの点数を合計して競う団体賞も二大会連続で獲得した。

第二章

激震口蹄疫

宮崎
口蹄疫募金
助け合い
～みんなで宮崎を支えよう～
被害状況
13万頭以上
300億円以上
集まったお金は
農家さんの支援に使われます
募金箱

発生前夜

五年に一度開かれ、「和牛のオリンピック」といわれる二〇〇七年の第九回全国和牛能力共進会鳥取大会で日本一に輝き、宮崎牛は和牛の頂点を極めたが、わずか三年後の一〇年四月、宮崎牛はおろか日本の畜産を壊滅させかねない災禍「口蹄疫」が宮崎県を襲った。

欧米では「国を滅ぼす」とまで恐れられる口蹄疫は、直径二五ナノメートル（一ナノメートルは一〇〇万分の一㎜）と微小なウイルスが引き起こす家畜伝染病だ。牛や豚、ヤギ、ヒツジなど蹄《ひづめ》が偶数の偶蹄類が感染する。生物テロへの応用も研究されるほど感染力は強力で、海外での流行事例では、たびたび一〇〇万頭単位の家畜を犠牲にしている。

症状は発熱や流涎《りゅうぜん》（よだれ）のほか、蹄や口の中に水疱ができる。これが破れて痛むので、極端に餌の食いが悪くなったり、立てなくなったりする。ただ、流行の初期段階では典型的な症状を示さないため、ほかの伝染病と識別するのは非常に難しい。

日本では、高病原性鳥インフルエンザや牛海綿状脳症（ＢＳＥ）などと並んで農林水産省が特別に防疫指針を定め、警戒している。宮崎県では二〇〇〇年に三例、北海道で一例が確認されたものの、計七四〇頭の家畜を処分しただけで、早期終息に成功している。

ここで二〇〇〇年口蹄疫について少し触れておきたい。同年三月二十五日、国内で九二年ぶりとなる口蹄疫が宮崎市で発生した疑いがある、と発表した県はこの日のうちに発生農場周辺の移動制限区域の設定や隣接農場の検査を実施。感染が疑われた牛も蹄の間の水疱といった症状は見られず、「限りなくシロに近いのでは」（宮崎県畜産課）という状態だったが、万全の防疫態勢を敷いた。その三年前に台湾で発生した口蹄疫では、四カ月の間に一〇〇万頭の家畜が感染、殺処分された頭数は約三八〇万頭に上っており、もし発生すれば地元畜産も壊滅に追い込まれるとの危機感を抱いたからだった。

翌月の四月三日には東諸県郡高岡町《ひがしもろかたぐんたかおかちょう》五町《ごちょう》の、九日には同町下倉永《しもくらなが》の和牛繁殖農家で、感染した牛が見つかる。県は徹底した移動制限と、県内で飼われていた全ての牛約二八万頭を対象に臨床検査を実施。加えて、約二万二〇〇〇頭の血液を採取し、口蹄疫抗体の有無をチェックした。シロと言い切れない農場には農場隔離プログラムを行ない、血液の再検査や家畜防疫員の巡回調査など、監視を徹底した。

結果、感染は三農家にとどまり、殺処分頭数は三八頭に抑えた。発生から四七日後の五月十日、県は安全宣言を発表し、「本県は県内全戸がシロであると証明された唯一の県だ」とコメントした。ただ、被害を小規模に食い止めた体験は過剰な自信を生み、結果的に気の緩みにつながった。元県幹部は「あのときは徹底した防疫や検査によって封じ込めることができたが、その成功体験だけが記憶に残ってしまった」と悔やんだ。

それから一〇年の歳月を経て、前回とは異次元の悪夢が畜産の盛んな宮崎県を襲おうとしていた。

「水牛に元気がない。ボーッとしている」。二〇一〇年三月二十六日、宮崎県中央部に位置する児湯郡《こゆぐん》都農町《つのちょう》の農場主から依頼を受けた同郡高鍋町《たかなべちょう》の開業獣医師・池亀《いけがめ》康雄は、はるかかなたに日向灘を見下ろす丘陵地の牧場を訪れた。

東京出身の農場主が二年前に開いたばかり。イタリア料理に使うモッツアレラ・チーズをつくるため、国内でも珍しい水牛をオーストラリアから導入し、四二頭を飼育していた。このチーズは乳牛の乳でつくられるのが主流となったが、本来の原料は水牛の乳で、希少価値も高い。

鮮度が命のため早朝に搾った乳でつくられ、約五〇km離れた宮崎空港へ車を飛ばし、東京や大阪に空輸。その日のうちに一流レストランで供され、従来の品とは一線を画す弾力や濃厚なこく、甘みなどが高い評価を得ていた。

水牛に熱があり、乳量も低下しているので診てほしいという農場主。ホルスタインなど改良を重ねた乳牛と比べ、水牛の乳量は五分の一程度と、ただでさえ少ない。乳量低下は安定供給や経営面で死活問題だった。池亀は二頭に発熱を確認し、投薬して帰ったが、四日後の往診時には元気のない水牛が一〇頭に増えていた。「何らかの感染症では」と疑った池亀は、宮崎市佐土原《さどわら》町の宮崎家畜保健衛生所（家保）に連絡した。

家保は都道府県に所属する獣医師が勤務し、開業医らでは判断のつかない疾病について、「病性鑑定」と呼ばれる精密な検査を行なう機関だ。翌三十一日に立ち入った家保職員二人は検査材料を採取して帰った。家保は下痢を起こす病原体について検査したが、結果は「シロ」。一抹の不安を抱えながらも、農場主と池亀は「牛舎の敷き材にしているノコクズにシロアリ駆除剤が混入したのかも」と考え、敷き材を替えて経過を観察することにした。

異変は別の農場でも起きていた。四月六日、この水牛農家からほど近い、一六頭と小規模な繁殖牛農場を町内の開業獣医師・青木淳一が往診した。「熱があって、餌を食べない牛が一頭いる」ということだった。

青木が開業したのは、前回の口蹄疫が発生した二〇〇〇年。発生農場から半径二〇㎞は家畜の移動が、半径五〇㎞は搬出が制限された。子牛の競り市も中止になり、畜舎は出荷できない牛や豚であふれ、餌代も農家の重い負担となった。宮崎県産の畜産物に対する風評被害もひどかった。

当時の騒ぎと早期発見の重要性が脳裏に焼き付いていたため、牛の発熱では念のために口の中も調べることを心がけていた。この日もそうしたが、異常はなかった。九日の往診で再び口の中を診た青木は、「ドキッ」とさせられる。上唇に三㎜ほどの潰瘍が、舌の先にも粘膜が脱落した部分があった。「もしかしたら口蹄疫かもしれない」と、すぐ家保に連絡した。

訪れた職員は全頭の口や乳房、蹄を調べ「症状は一頭だけなので、感染力の強い口蹄疫ではないでしょう」との判断結果を告げる。万が一、口蹄疫なら……。一〇年前の記憶が頭をよぎっていただけに、立ち会った全員が胸をなで下ろした。青木は抗生剤を投与して様子を見ることにする。

十六日、別の牛がよだれを垂らし、餌を食べなくなった。さらに翌日は別の牛にも同じ症状が見られ始め、青木は再び家保の職員を呼ぶ。「まだ口蹄疫だと疑ってはいなかった」と後に振り返る青木。しかし、家保の病性鑑定で、イバラキ病をはじめとする類似疾病は全て否定された。残るは……。事態は最悪の方向へ向かっていた。

「口蹄疫を否定できない。農家への往診を控えるように」と青木が連絡を受けたのは十九日。県はこの日の午後八時に、三頭から採取した唾液などの検査材料を動物衛生研究所海外疾病研究施設（東京都小平市）へと航空便で送付した。

独立行政法人農業・食品産業技術総合研究機構の傘下にある同施設は、国内で唯一、口蹄疫ウイルスを扱う研究や検査を許可された研究機関だ。病性鑑定で全国の家保から「最後の砦」として頼られている。

検査を行なう部屋は外部より気圧の低い「陰圧」に保たれるなど、万一の病原体漏出を許さない対策が施されている。東京都内に立地しているとはいえ、周囲に家畜がいない環境が選ばれている。それほど入念な対策を迫られるのが、口蹄疫という伝染病の恐ろしさを物語っている。

口蹄疫の迅速な診断には、ＰＣＲ（ポリメラーゼ連鎖反応）と呼ばれる遺伝子の検査法がある。特殊な操作で狙った遺伝子を増幅させるウイルス検出法で、短時間のうちに結果が分かる。

運命の結果は二十日早朝に判明した。結果は「陽性」。農林水産省と宮崎県農政水産部では、午前九時半からの記者発表に向けて慌ただしく準備に入った。目に見えないウイルスの恐怖に県民がさらされ、宮崎牛が存亡の危機に直面した一三〇日間の始まりだった。

凍り付いた日常

「家畜伝染病である口蹄疫の疑似患畜が県内で確認されました」。四月二十日午前九時半、宮崎県庁の県政記者室で知事の東国原《ひがしこくばる》英夫は、淡々と発表のペーパーを読み上げた。記者室で行なわれる会見に、知事が出向くのは年間でも数える程度で、異例な事態といえた。

会見で東国原は「就任した当初の鳥インフルエンザを考えると、またピンチをチャンスにという前向きな姿勢で、全庁挙げて取り組んでいかなければ」と、早期終息や風評被害の抑制に自信をのぞかせた。

発言に根拠がないわけではなかった。

二〇〇七年一月の知事選で東国原は有効票数の四四・四％を集めて当選した。前年に起きた官製談合事件にともない当時の知事が引責辞職した出直し選の結果は、県政浄化へ期待の高さを反映した。その就任当初、高病原性鳥インフルエンザが発生。飼育羽数で全国一、二位を争う県産ブロイラーへの風評被害が懸念された。

東国原は安全性アピールのために、鶏の炭火焼きを食べるテレビ・コマーシャルを制作し、在京テレビ局の番組に出演した際も真空パックの商品を手土産にするなど、露出度を上げて見せた。鳥インフルエンザの発生前よりも知名度、露出度を上げて見せた。「ピンチをチャンスに」の文言には、「宮崎のセールスマン」としての東国原の自信も透けて見えた。

県は東国原を本部長とする県口蹄疫防疫対策本部を設置し、マニュアルに沿って防疫作業を進めた。発生農場から半径一〇kmは家畜の移動制限、半径二〇kmに搬出制限を設定し、県を南北に貫く国道一〇号などの幹線道路には消毒ポイントが計四カ所設けられた。

移動制限は解除されるまで、最後に発生した農場での殺処分が完了してから二一日間の経過を待たなければならない。この間、家畜市場のほか、食肉処理場も閉鎖され、一部例外を除いて人工授精など畜産に関する全ての動きがストップする。搬出制限もやはり最後の発生から二一日間を経過すれば解除される。この地域内で家畜の移動や食肉処理は可能だが、「円の外」へ家畜を搬出することはできない。牛や豚が取引される市場も閉鎖される。

一〇年前の口蹄疫では、移動制限二〇km、搬出制限五〇kmと設定していたが、広範囲の畜産農家が経済的打撃を受けた。この反省から、農水省は専門家の意見を聞いて二〇〇四年に防疫指針を見直し、制

口蹄疫に感染した疑いのある牛を確認したと発表する知事の東国原＝2010年4月20日、県庁・記者室

限範囲を狭くした。

影響を必要最小限にとどめられるはずだったが、実際には県内全ての制限が解除されるまでに、二一日間どころか七月二十七日午前零時まで九八日間を要した。牛を養う農家は、種付け、出産、肥育、出荷という日常の営みを凍結させられ、先の見えない苦しい戦いを強いられた。

搬出制限区域に含まれた、児湯地域家畜市場（児湯郡新富町《しんとみ》）を運営する児湯郡市畜連は、四月二十一日から始まる成牛競り市など、畜産行事の中止を決めた。同市場には発生が確認された都農町を含めた近隣七市町村から出荷される。中止は一帯の農家が収入ゼロになることを意味したが、防疫のためには中止以外に道はなかった。

「いつ終わるかも分からず、地獄のような日々だった」と話すのは同畜連参事の高野雄二。「収入が途絶えた農家や関連産業の人たちに、何もしてやれない。それだけが気がかりだった。とにかく、早く終わってくれと祈るばかり。自分たちも競りがなければ、収入はない。本気で失業まで考えた」と振り返る。

農家だけでなく町全体に活気がなくなり、畜産が与える影響の大きさをあらためて感じたという。

制限区域外の家畜市場も対応に苦慮した。二十四日に県内七カ所の家畜市場を運営する農協や畜連でつくる県郡畜連合会議は競り市開催の是非を協議した。一例目の発生当日は一部で開かれた競り市だったが、県側の自粛要請を受け、二十二日以降、月内の中止が決まっていた。

「区域外の農家からは開催を望む声がある」との指摘もあり、当日には意見がまとまらず散会した。結局は県畜産協会が競りの中止または延期を決定したが、農家の収入を途絶えさせるだけに、重い判断だった。

また、影響は牛農家の関連産業にまで及んでいった。人工授精師は移動制限区域の外でも、軒並み業務を自粛。複数農場に出入りする削蹄師《さくていし》にも、防疫上の観点から仕事依頼がなくなった。

「毎日貯金を切り崩し、ただ祈るように終息を願っていた」と明かすのは、児湯郡市人工授精師協会会長の海野善文。人工授精師は、授精の際の技術料と、子牛の売却価格の一・五％を農家からもらうことで生計を立てている。口蹄疫発生後、人工授精の自粛と競り市の中止で、海野の収入は完全に途絶えた。

外出をできる限り避け、自宅にいる一七頭の牛が感染しないよう、消毒を続けるだけの日々が続いた。たまに得る収入は、殺処分された牛を運搬することでもらえるわずかなアルバイト料のみ。海野は「いつになれば仕事ができるのか見当もつかず、先の見えない不安に押しつぶされそうだった」と吐露する。

「一例目確認の翌日から、毎日のように鳴っていた削蹄依頼の電話がぱたりとやんだ」と話すのは都農町の削蹄師、才名園《さいなぞの》輝明。一般に報酬は一頭当たり二〇〇〇～三〇〇〇円程度で、その場で報酬を手渡されることが多い。牛舎に出向かなければ、無収入となる。

二〇〇戸の顧客を抱え、毎日一〇頭以上の蹄を削っていた才名園。発生後は五人の家族を養うため、すぐに夜間のアルバイトを始めた。朝夕は子ども三人の学校の送迎。昼間は殺処分された家畜の運搬をしたり、近所の農家に頼み込んで、草刈りのアルバイトをしたりと、身を粉にして働いた。それでも住宅ローンの支払いが滞るなど、収入は足りなかった。

才名園は「まさに悪夢という状況で、『すぐに終わる』と自分に言い聞かせながら過ごしていた。いまだに、当たり前に削蹄ができている現状が信じられない」と語る。

畜産の営みが止まったことで、どれほどの経済的影響が出たのか——。

口蹄疫発生前の二〇〇九年、宮崎県は全国五位・三〇七三億円の農業産出額を誇っていた。完熟マンゴーやピーマンが有名だが、実は産出額の六割は畜産が占めていた。一〇年二月時点で、県内の飼育数は肉用牛が二九万八〇〇〇頭で全国三位、豚が九一万五〇〇〇頭で全国二位という畜産王国だった。

発生した一〇年は、養鶏や野菜、果実が健闘しながらも、前年比三・七％減の二九六〇億円で二八年ぶりに三〇〇〇億円を割り込み、全国順位は七位に転落した。

また、県が推計した経済的損失は二三五〇億円。畜産と関連産業が一四〇〇億円で、回復までに五年を要するという試算だ。小売・飲食業などその他の産業が九五〇億円。東国原が呼び掛けた「ピンチをチャンスに」とはほど遠い戦いの結果となった。

感染南下

「現場が真っ先に心配したのは過剰な報道による風評被害だった」。ＪＡ尾鈴肥育牛部会長の岩崎勝也＝児湯郡川南町《かわみなみ》＝は発生当初を振り返る。岩崎のほか、繁殖、酪農、養豚の各部会長からなる同ＪＡ畜産組織連絡協議会は感染確認翌日の四月二十一日、川南町役場で緊急の会合を行なったが、防疫とともに議題の中心となったのが風評被害対策だった。

岩崎らは会合の中で、現地入りしていた地元選出国会議員らに、マスコミに対して冷静な報道を呼び掛けるよう要望した。一〇年前の口蹄疫では県内全域で競り市が中止され、県産の農産物は市場で敬遠された。修学旅行がキャンセルされるなど風評被害も含めて幅広い影響が出た。翌年の牛海綿状脳症

（ＢＳＥ）の国内発生では全国的な消費の落ち込みから岩崎らの枝肉の販売額も半減した。これらの記憶は、畜産関係者の誰もがトラウマ（心的外傷）となっていた。

岩崎は「ＢＳＥのときのように報道で病気のイメージだけが先走りして、消費者を刺激するのが怖かった」と言う。宮崎県も「人体に影響はない」「発生農場の肉や乳製品は市場には出回らない」と風評被害の抑制に躍起になった。

一例目農場を診察した開業獣医師の青木淳一をはじめ、山の中にある現場を知る人間は誰もが「殺処分や道路封鎖を行なえば、封じ込めが可能」と希望的観測を持っていた。初動防疫よりも風評被害に関係者の目が向いても仕方はなかった。

しかし、ウイルスはすでに予想を超えて拡散していた。宮崎家畜保健衛生所（家保）は二十日の一例目発生会見から三〇分さかのぼった午前九時、一例目農場から南に三・四㎞離れた同郡川南町山本地区の農場に立ち入った。すでに「単発」ではなくなっていた。

しかも、山本地区の場合、地域を南北に貫く県道は川南町から隣の都農町へ抜ける国道一〇号の裏道にもなっており、比較的交通量は多い。追い打ちをかけるように、家保は同日午後、ここから北に約四〇〇ｍ離れた肉用牛肥育農場からも通報を受けた。

翌二十一日に「陽性」と判明し、二、三例目として公表された。わずか二日で早くも前回の件数に並んだ格好だ。前回は一例目の確認が三月二十五日で、二例目は九日後の四月三日。三例目はさらに六日後の九日。それなりに時間差があった。県畜産課の家畜防疫対策監を務めた岩崎充祐《しゅうすけ》は終息後に振り返っている。

「少しは余裕があるかと思っていた。二、三例目が出るまでに」

一例目の発生で胸中ざわついたのは、都農町の水牛農場主と診察した獣医師の池亀康雄だった。農場主は一例目農場に、たまたま電話をかけたところ、「実はうちが……」と発生を打ち明けられた。両者はわずか直線で六〇〇mしか離れていない。

農場主は「熱と食欲不振？　水牛に流涎はなかったが、ほかは症状が同じだ。口蹄疫だったのでは」と疑問を抱く。その旨を聞かされた池亀は、家保に口蹄疫の検査を無理にでも依頼するようにと答えた。

三月三十一日の立ち入り後、二人はもう一度家保を呼んでいた。二十日に家保に問い合わせると、家保で可能な検査では全て陰性だったとの返答。いよいよ口蹄疫ではないかと疑いが強まる中、家保は二十二日に立ち入る。一例目の農場と同じ飼料を使っているので、疫学的な関連性を調べるという名目だった。

職員は五頭から血液を採取。三月三十一日に採取していたスワブ検体（鼻や喉から拭った体液）と合わせて、動物衛生研究所に送った。翌二十三日に判明した結果はスワブ三検体の中で一検体が「クロ」。六例目の発生とされた。

一例目が最初に家保の立ち入りを受けたのは四月九日。六例目は三月下旬に口蹄疫の症状を示していたということで、児湯地域にウイルスが侵入した時期が当初の想定よりさらに早まる結果となった。

この検体が「物的証拠」としては最も早期に採取されたものだったため、池亀と農場主は「初発農家」というレッテルを貼られ、猛烈なバッシングを浴びる。

さらには、清浄国のオーストラリアから輸入し、検疫もきちんと受けた水牛も「汚染国から輸入した」と事実無根のうわさを流され、苦しんだ。インターネットの書き込みなどで拡散し、「（口蹄疫が宮崎県より先に発生していた）韓国から研修生を受け入れていた」といった事実無根の風説を信じている住民もいまだに多い。

じわりと感染が南下してくる一方で、発生初期は特に情報が乏しく、児湯地域の肉用牛農家は見えない恐怖と戦う毎日だった。多発地域となった川南町の山本地区にある山本小学校から、わずか三〇〇mほどの場所に牛舎を構える和牛繁殖農家・仕田《しだ》光良は発生初日から消毒を徹底し、六八頭の牛のわずかな変化も見逃すまいと、牛舎に張り付いた。

朝は六時に牛舎へ出向き、一頭一頭の様子を丁寧に観察。「今日も大丈夫」と胸をなで下ろすと、すぐに消毒作業に取りかかる。夜九時まで牛舎にとどまり、牛の無事を確かめてから自宅に戻りニュースを確認。そんな日々が続いた。

仕田は「どこまで口蹄疫が迫ってきているのか、とにかくその情報が欲しかった」と心境を明かす。新聞やテレビを見ても発生件数が分かるだけ。何度も役場に電話し、担当者にけんか腰になりながら不安を訴えても、「個人情報だから」と発生場所は教えてもらえなかった。外に出ることにも恐怖を覚えつつ、後にワクチン接種で全頭を殺処分されるまで、感染させないで守り抜いた。

その山本地区を感染の猛火がなめ尽くそうとしていた。四月二十五日には、これまでにない七二五頭という大規模な発生が明るみに出て、防疫の破綻を予感させた。ここは全国に農場を展開し、「和牛オーナー制度」で知られる安愚楽《あぐら》牧場（栃木県那須塩原《なすしおばら》市、二〇一一年破産）の直営農場だった。

「繁殖母牛に出資すれば、毎年生まれる子牛の売却代金で多額の配当が望める」という触れ込みで出資者を集めた安愚楽は、一九九〇年代から県内に農場を展開。直営だけで一五カ所、頭数は約一万五〇〇〇頭にも及び、県内で飼育する肉用牛の実に五％を占めていた。東児湯地域には一三カ所も集中していた。立ち入った家保職員が、半分程度の牛房で流涎の症状を確認するなど、農場全体に蔓延した状態だった。後の調査で、四月八日にはすでに食欲不振の牛がいて、翌日に改善薬を投与したことが判明している。さらに、十七日には風邪のような症状を示した牛が出たため　翌日から二十日までに抗生物質を投与したという。

宮崎県が後に設置した口蹄疫対策検証委員会の調べでは、作業日誌から三月下旬にはすでに食欲不振や風邪のような症状を示していたことが分かり、「初発は六例目あるいは、七例目」とするのが妥当だと結論づけた。また、安愚楽は牛に症状が出ていたのに、二十四日になって家保から聞き取り調査の電話を受けるまで通報しておらず、県から厳重注意を受けた。一三カ所の農場を担当する獣医師はわずか一人。牛を診察せずに投薬を指示したため、二〇一一年十一月に地元の農家から獣医師法違反で告発され、宮崎地検から起訴猶予処分とされている。

ただ、この時点では、まだ希望の光は見えていた。ウイルスの潜伏期間は一週間程度。そのため、初動で封じ込めに成功したかは、一例目から一〇日程度経過すれば判明する。二十五日に開いた県の対策本部会議で、県農政水産部長の高島俊一は「出ている感染疑いは防疫措置を取った二十日以前に感染したと考えられる」と説明する。その後、出なければ初動防疫が成功したと言えるはずだった。

しかし、一週間を経過しても終息の気配どころか、事態は悪化の一途をたどる。二十七日、山本地区から東へ約二㎞の国道一〇号沿いにある、県畜産試験場川南支場が陥落したためだ。

ここで系統造成していたブランド豚「宮崎ハマユウポーク」の原種豚に症状が見つかった。国内で豚が口蹄疫に感染したのは初めての事態だった。豚は牛に比べて感染しにくいが、ひとたび発症すると呼気から微粒子の状態でウイルスを排出する。その量は牛の一〇〇〇～二〇〇〇〇倍とされる。たとえるなら、弾薬庫に火が入るようなものだ。

感染拡大に追いつかない殺処分現場へのマンパワー不足を補おうと、県は五月一日、自衛隊に災害派遣を要請する。しかし、この日には川南支場に近いＪＡ宮崎経済連川南種豚センター（三八八二頭）も陥落。五月上旬の一〇日間で発生は実に五四農場、殺処分対象は六万八〇〇〇頭も積み上がった。

特に、四日には日向灘にほど近い大規模養豚農場で一万六〇〇〇頭という、途方もない処分頭数が発生した。川南町農林水産課長の押川義光は「ウイルスはすでに蔓延している。川南の畜産は全滅かもしれない」と天を仰ぐほどだった。都農町で確認された口蹄疫は、川南町山本地区を蹂躙し、海沿いへと進んで町の全域を覆おうとしていた。

ゴールデンウイークを過ぎてもいっこうに好転しない事態に直面し、風評被害を恐れていた農家の意識に変化が現れ始める。当時、震源地である児湯郡を中心に宮崎県内各地で車両消毒ポイントが設置されていたが、「車が汚れる」との理由から素通りする一般車両も一部にあった。もはや農家だけで感染拡大を防ぐことが不可能になっているにもかかわらず、一般の宮崎県民まで理解が広がらない現状を変えようと行動を起こす農家が現れ始めた。殺処分の様子を撮影したビデオをテレビ局に送る者、新聞社に死に絶えた子豚の写真を送る者……。一歩間違えば、風評被害を引き起こしかねないぎりぎりの訴えだったが、批判する農家は皆無だった。ＪＡ尾鈴肥育牛部会長の岩崎勝也は「風評被害なんて言っていられない状況に追い込まれていた。なんとかしてくれ、なんとか分かってくれ、というのが現場の思いだった」と語った。

種雄牛決死の避難

五月十三日正午、ブルーシートで荷台を覆ったトラック二台が高鍋町にある宮崎県家畜改良事業団を出発した。載っていたのは宮崎牛ブランドの根幹を支える種雄牛《しゅゆうぎゅう》（種牛）六頭。事業団は家畜伝染病予防法で定める移動制限区域にあったが、農林水産省が特例措置として区域外への避難を許可したのだった。

当時、事業団にいた種雄牛は五五頭。その中には、精液ストローを約四四万本も供給した伝説の「安平《やすひら》」もいた。一九八九年に生まれた安平は二一万頭以上の子牛を世に送り出した。他の種雄牛の子牛より価格が七万円程度高かったという。単純計算でも一四〇億円の付加価値を生み出したことになる。その功績に敬意を表し、特別待遇で余生を送っていた。

この安平に代表される種雄牛は、宮崎県内の牛飼いたちが総力を結集して、四〇年近い歳月をかけた改良の結晶だ。事業団は一例目の発生で家畜の搬出制限区域に入っていたが、二例目の発生では移動制限に含まれ、避難させようにも身動きが取れず、事業団は神経をとがらせていた。

事業団で飼育する牛には二種類いる。種雄牛の精液を使って生まれた牛の肉質を調べる「後代検定」のために飼育している肥育牛と、種雄牛そのものだ。事業団では肥育牛部門と種雄牛部門の牛舎間に高さ四m、長さ一五〇mに及ぶ隔壁を設置し、飼育管理者を分離。肥育牛が万一の事態を迎えても、種雄牛部門は「殺処分」を免れるよう対策を打った。さらには朝夕の牛舎消毒を励行し、牛舎に入る職員は防護服を着用するなど、感染リスクを低める措置を取っていた。

当初は避難の可能性について議論はなかった。宮崎県畜産課家畜防疫対策監を務めた岩崎充祐は「農家に消毒の徹底を呼び掛けている手前、生きた家畜を動かすことには抵抗があった」と口蹄疫終息後に振り返っている。しかし、発生から一〇日も経過すると、事業団のある高鍋町にウイルスが侵入するのも時間の問題となってきた。都農町の一例目農場から事業団は南に約一〇・五㎞離れているが、四月三十日に確認された一五例目（川南町）では、一例目から八㎞も南へ移動してきたからだ。

県農政水産部では「火の粉が及ぶ前に手を打つべきだ」との声が強まる。ただ、農水省に打診をしても「特例」への態度は硬いままだった。ある県幹部は同省高官の自宅にまで電話をかけたが、取りつく島もなかったという。

種雄牛避難が実現の可能性を帯びたのは、五月十日に農相の赤松広隆が宮崎を訪問してからだった。知事の東国原が県庁での会談で特例移動を申し入れると、赤松は「移動する牛の清浄性確認」「避難先での万全の管理」「畜産農家の同意」と三つの条件を提示したうえで、受け入れた。もっとも、全五五頭を一度に、というのは無理な話だった。種雄牛は去勢した雄牛と違って気性が荒い場合もあり、一t近くある巨体は事業団の職員以外には扱いが難しい。ストレスをかけると採取できる精液の量も減るので、事業団の飼育環境に近づけるために個別の牛房を用意する必要もあった。県は優先順位を付けて六頭を選ぶことにした。

選ばれたのは、安平の次代を担う存在になっていた当時七歳の「忠富士《ただふじ》」をはじめとする「エース級」。一三歳とやや高齢な「福之国《ふくのくに》」を除けば、「勝平正《かつひらまさ》」「秀菊安《ひできくやす》」「美穂国《みほのくに》」「安重守《やすしげもり》」といった三歳から八歳までと、最も活躍できる年齢だった。この六頭で、県内に年間一五万本を供給する精液ストローの実に九割を占めていた。県は翌十一日にさっそく六頭から検体を採取し、動物衛生研究所にPCR検査を依頼。翌十二日に陰性と確認した。移動当日にも所見で異常なしを確認している。

トラックは熊本県境の児湯郡西米良村《にしめら》を目指した。人口は一二〇〇人余りの山村で、隣の西都市《さいと》からも車で一時間以上かかり、交通の往来が少ない。さらに周囲に畜産農家がないという理由で選ばれたという。

出発と時を同じくして宮崎県庁では種雄牛の避難に関する記者会見が開かれていた。県農政水産部次長の押川延夫《のぶお》は「発生が続くなかで、断腸の思い」と、自分たちの家畜を動かせない農家たちの苦境に配慮するコメントを出した。宮崎牛の生産基盤であるとはいえ、防疫の先頭に立つべき県が自らの牛を避難させたことは、公平性の面から火種を残した。

特に条件のひとつだった畜産農家への同意は、後に問題となった。口蹄疫終息後に被害農家らで結成した「県口蹄疫の真相を究明する連絡会議」（代表・染川良昭）は二〇一一年末、同意取り付けの在り方について、県に公開質問状を提出。県は「生産者団体の長の理解を得ることで全体の同意を得た」と回答している。しかし、防疫の現場では「自分（県）の牛は逃がして、うちの牛は殺すとか！」とののしられた県職員もいた。

事業団の地元、高鍋町役場へも、避難直前に一報が入った。町内には民間で種雄牛を飼育する農家もいるため、この避難は後に騒動の火種となり得る。同町産業振興課長の長町《ながまち》信幸は「公平な対応をとらないと、大変な事態になりかねない」と旧知の県幹部に懸念を伝えている。

避難先に向かったトラックは迷走した。出発した後になって、行く先を西都市尾八重《おはえ》の牧場へと変更している。「目的地の近くに畜産農家がいることが判明した」というのが表向きの説明だったが、万一種雄牛が発症した場合、家畜の移動・搬出制限区域が熊本県に及んでしまい、迷惑をかけてしまう事情があったとされる。

尾八重の施設は一〇年以上前に使われなくなった牧場で、周辺五㎞に家畜は皆無。感染の危険性は極めて低いが、標高は約八〇〇ｍ。飲用水も麓から運ぶ必要があるなど、極めて険しい環境だった。避難のトラックは山中で一泊してから翌十四日に到着する。当座をしのぐはずの仮住まいではあったが、種雄牛の分散管理の必要性を痛感した県により、二頭はこの年の九月、西諸県郡《にしもろかたぐん》高原町《たかはるちょう》にある事業団の産肉能力検定所へと移される。残り三頭が高鍋の事業団へ帰ったのは翌年五月。帰るまでに一年を要する長旅になる。

しかし、種雄牛が避難を完了したころ、宮崎牛の本丸・事業団は存亡の危機に追い込まれていた。

本丸陥落

五月十五日の深夜、宮崎県庁の県政記者室には、こうこうと明かりがともっていた。二〇人近くの報道陣が「今日の発生記者会見はまだか」と待機。連日午後十～十一時に会見は開かれ、数件の発生が発表されていたが、この日に限ってその知らせがないまま日付をまたごうとしていた。

翌日未明の午前一時十分から始まった会見には、通常は同席しない農政水産部長の高島俊一が顔を見せ、ただならぬ様子で始まった。九二～一〇一例目という発表ペーパーの最後に「(社)宮崎県家畜改良事業団」の文字を見つけた記者たちがざわついた。宮崎牛の本丸陥落が明るみに出た瞬間だった。

当時の発表では、以下のような経緯をたどった。十四日午前、肥育牛部門の職員が発熱、流涎や口腔内のただれといった口蹄疫の典型的な症状に気づいた。通報を受けて立ち入った宮崎家畜保健衛生所の職員は、症状を示す五頭から検体を採取。翌日夕方に判明した結果は、五検体全てが陽性だった。

その陽性を確認する前に、十五日午後三時、家畜防疫員が所見により口蹄疫と診断。直ちに殺処分を開始したという。肥育牛二五九頭の処分が終われば、種雄牛にも着手せざるを得ない。宮崎県の畜産界に十分すぎるほどの功績を残した安平も、最期が殺処分とは、余りに悲劇的な運命だった。

県は四月二十日の発生当初から、種雄牛を守る手を打っていた。農業でも日よけや寒さよけに使われる寒冷紗と呼ばれる布で牛舎を覆い、消毒液を散布。ウイルスを内部に侵入させないようにした。多発地域の川南町から通っていた職員は自宅待機とした。

さらに、肥育牛と種雄牛の各部門で飼養管理者を分け、それぞれの作業動線も交差しないように配慮。牛舎間には建設用の足場を組んで高さ約四m、長さ約一五〇mにも及ぶ隔壁を設置し、万が一肥育牛部門に感染が及んでも、種雄牛とは別農場として、殺処分を免れることができると踏んでいた。

しかし、「敷地が同じである以上、同一農場であり、種雄牛も殺処分は免れない」とする農林水産省の態度はかたくなだった。食い下がる県側に、特例で避難した六頭の処分をちらつかせる場面もあったという。会見の直前まで続いた農水省との交渉のせいか、高島は疲労と無念さをにじませ、「本県の肉用牛生産の要である種雄牛を失うこととなり、誠に申し訳ない」と記者団に頭を下げた。

ここである疑念が浮上する。エース級六頭の避難は前日の正午過ぎだ。「移動を優先させるため、通報を遅らせたのでは」。記者団から問われた県畜産課家畜防疫対策監の岩崎充祐は「経済的な影響を考えてそんなことを優先すれば、大変なことになる。そんなことをしたら、この病気は防げない」と強く否定してみせる。

だが、終息後に国の疫学調査チームは意外な事実を公表する。六頭が出発する直前の十三日昼前、事業団では肥育牛一頭に三九・九度（牛の平熱は三八〜三九度）の微熱を確認していたのだ。翌日の発熱

（四〇・四〜四一・二度）と比較すれば軽微なものの、口蹄疫の典型症状でないことを理由に、抗生物質を投与しただけで家保には通報しなかった。

後に宮崎日日新聞社への取材に対して事業団常務理事の川田洋一は「注意が足りなかったと言われれば否定できないが、別の日にも同程度の発熱はあり、故意に見逃したということではない」と、意図的な通報遅延には首を振っている。

しかし、家畜が殺処分されることを覚悟しつつ、わずかな異変でも気づいた時点で早期通報に協力した、農家たちの憤りは収まらなかった。事業団が通報した前日までに七六例の発生を数えていたが、多くのケースで初期症状に発熱があった。畜産農家の範となり、異変に敏感であるべき事業団は、批判を受けても仕方なかった。

被害農家で結成する「県口蹄疫の真相を究明する連絡会議」は二〇一一年、「なぜ肥育牛数十頭について口蹄疫の感染を疑い、必要な検査や家保への報告をしなかったのか」などと一四項目にわたる県への公開質問状を提出した。

県側は翌年、事業団の見解として、「発熱や血便は四月二十日から五月十四日までの間、五一頭にみられており、十一日以前の症例は治癒した」「前年同期にも発熱や血便が確認されていたので通常の症例と判断した」と回答する。そのうえで「発生が拡大していた時期に、家畜を特例的に移動させるということの重要性に鑑み、肥育牛で発熱等の症状が確認されているのであれば、県に報告があってしかるべき」と事業団を指導したとしている。

避難した六頭の種雄牛も、本来は疑似患畜として殺処分の対象となる。二度目の特例となるが、ウイルスの潜伏期間を考慮して一週間の経過観察を行ない、毎日検体を採取して清浄性を確認することで、国の了解を取り付けた。

事業団陥落の影響について問われた農政水産部次長の押川延夫は「今から種雄牛をつくるのに七年かかる。次の世代の牛をつくるのに間が空いてしまう。大きな支障を来す」と苦渋の表情。岩崎は「まだ若い牛もいる」と、種雄牛として検定を受ける途中の高原町にいる候補牛を挙げ、「五年くらいはこの六頭で頑張ってもらって、その間に新しい種雄牛を造成していく」と希望的観測ながら、見通しを示した。

宮崎の轍を踏んではならないとこの後、各畜産県は種雄牛の避難を始めた。「鹿児島黒牛」ブランドを誇る鹿児島県は県有六頭を喜界島へフェリーで移動。「豊後牛」の大分県も県内数カ所に分散したほか、「神戸ビーフ」で名高い兵庫県も、同様の措置を取った。種雄牛の喪失は、畜産県にそれだけ痛手となることを象徴する出来事だった。

宮崎県も高原町にいた候補牛一六頭を十八日、山間部の西臼杵《にしうすき》郡高千穂町へ移した。今や六頭と候補牛だけが、改良に四〇年を費やした遺伝子を未来へとつなぐ糸となった。しかし、間一髪で脱出した六頭は今後発症する恐れがあったし、候補牛の能力は未知数だった。農家と関係団体がまさに血と汗を流しながらつくり上げてきた宮崎牛の〝バトン〟を将来につなぐ可能性は、クモの糸のように頼りなく細くなっていた。

魔の手

五月に入って勢いを増した口蹄疫の猛火があまたの農家をのみ込む中、高鍋町にある二つの教育施設にも魔の手が及ぼうとしていた。

「為せば成る」で有名な上杉鷹山公を米沢藩主・上杉氏に養子として送り出した高鍋藩。藩主の秋月氏が代々居城とした高鍋城址の真下にある宮崎県立高鍋農業高校は二〇一三年に創立一一〇年を迎えた歴史ある学舎だ。初代校長・齋藤角太郎は「児湯地域を米国のように豊かな畜産地帯にしたい」と願っていたとされ、一九〇八（明治四一）年に設置された畜産科は、旧制農学校時代から数々の優秀な人材を輩出してきた。

宮崎牛の歴史に名を刻むＯＢは枚挙にいとまがない。戦後、長く改良を牽引した黒木法晴《つねはる》＝宮崎市。児湯郡の名種雄牛「糸秀《いとひで》」を世に送り出した甲斐栄＝川南町。伝説と化した種雄牛・安平をつくり上げた永野正純《まさずみ》＝宮崎市佐土原町＝と長町正己《ながまちまさみ》＝同市＝のコンビ。畜産科出身ではないが、台風災害に影響を受けにくい畜産を推進する防災営農計画を策定した宮崎県知事の黒木博。このうち一人でも欠けば現在のブランド「宮崎牛」の興隆はなかったかも知れない。

特筆すべき卒業生の一人に、宮崎牛「三大ルーツ」の一つ、鳥取県の種雄牛「気高《けたか》」誕生に貢献した池本好夫がいる。池本は農林省中国農業試験場に入った後、鳥取県の気高畜連に勤務し、鳥取の因伯《いんぱく》牛と兵庫の但馬《たじま》牛の交配を試みた。地元業者からは「因伯牛の血が汚れる」と猛反対を受け、数々の妨害を受けながらも命懸けで強行。苦節十数年の後に誕生したのが気高だった。一九六一（昭和三六）年に開催された第一回全国和牛能力共進会・岡山大会肉牛《にくぎゅう》の部（検定種雄牛）で一等賞に輝き、その名を全国にとどろかせた。

宮崎県内の農協、畜連の幹部にもＯＢが名を連ね、宮崎を畜産王国に押し上げる原動力にもなった同校の舞鶴《まいづる》牧場では口蹄疫発生時、肉用牛、乳牛、豚、合わせて三三四頭を飼育。なかでも、二〇〇七年十月に新富町の児湯地域家畜市場で開催された第五四回宮崎県畜産共進会・肉用種種牛《しゅぎゅう》の部でグランドチャンピオンに輝き、農場で飼育されていた「みねこひめ3」は畜産科生徒の誇りでもあった。高校から出品された牛が頂点に立つのは、一九四九（昭和二四）年に始まった共進会でも初めて。全寮制で牧場近くの明倫寮《めいりん》で寝起きする同科の生徒は早朝から引き運動、放課後は糞尿処理やわら敷き詰めに汗を流し、ブラッシングなどで牛との濃密な時間を過ごしてきた。

口蹄疫はそうした高校生の日常に暗い影を落とした。四月二十日の一例目発生後、しばらくは生徒も世話をしていた。だが、発生は徐々に南下。川南町の宮崎県畜産試験場川南支場で、ウイルス排出量が牛よりも格段に多い豚に確認されるなど感染のリスクは高まる一方となり、同月二十八日から、生徒の農場立ち入りを禁止する措置を取らざるを得なかった。特に実家が畜産を営む生徒は月二回と毎週末にある帰省日にも自宅に帰らず、災禍が終わるまで我慢の日々を過ごしていた。

悪夢は五月二十三日に訪れた。朝の搾乳時、乳房に水疱のある乳牛が見つかる。政府が同校を含む一帯にワクチン接種の方針を示したのは、その三日前の十九日。もはや殺処分は不可避ではあったが、畜産科教諭の明永弘道らは「せめてワクチン接種まで守り抜かないと生徒に申し訳ない」と一日数回の消毒液散布をはじめ、防疫に取り組んでいた。しかし、牧場は「牛牧」の地名が表すように周囲には大規模な肉用牛農場が点在。徐々に陥落しており、学校へのウイルス侵入は時間の問題だった。

二十四日に陽性と判明し、校長の岩下英樹は生徒を集めて直接、発生を伝えた。「尊い命を奪うのだから無駄にしてはいけない。早く終息させ、舞鶴牧場を元に戻そう」と呼びかけると、涙を流す生徒も多かった。当時の心境を生徒会長で同科三年生の松元武蔵は寮のブログにこう記した。

「処分……。そう聞いたとき、私は声にならないほどの衝撃を受けました。いままで大切に育ててきた動物たちが、今度、牧場に行ったときにはいないんだと思うと、とても切ない気持ちになりました。（中略）私たちもここで終わりにはしません。必ず、私たちの牧場を、宮崎を復興して見せます」

殺処分は二十五日と決まった。牧場に近い寮では家畜の悲鳴が聞こえるため、学校体育館でレクリエーションを企画。生徒の呼びかけで、寮生一二五人と職員七人で折り紙の鶴を折り「ごめんね」「今までありがとう」「天国で楽になってね」と気持ちを書き記した。千羽鶴は家畜と一緒に埋められた。

落ち込んだ生徒たちに、さまざまな方面から励ましと支援が届いた。終息後の八月二日には、秋篠宮ご夫妻と次女の佳子さまが学校を訪れ、生徒代表の松元らに「大変でしたね」「つらいでしょうけど宮崎県のため頑張ってください」などと見舞いの言葉をかけた。

十一月には、山形県米沢市で米沢牛を生産する米澤佐藤畜産が九月に児湯地域家畜市場で競り落とした雌牛を同校に寄贈した。落札額は過去二〇年間、同市場で最高値の二五九万九八〇〇円。佐藤秀彌《ひでや》社長は「（財政難だった）米沢藩は鷹山公が復興させた。私も五年前からここで牛を買い、お世話になったので恩返ししたい。立派な牛に育ててください」と生徒に呼び掛けた。畜産科三年の谷之木輝喜は「口蹄疫で失った家畜の分まで精いっぱい育てる」と誓った。

松元は今、畜産の専門農協「全国開拓農業協同組合連合会」に勤務している。「失ったものは大きいが、人の優しさがうれしかった。畜産は人のつながりがないとやっていけないと確認できた」と、農家たちに防疫の大切さを説き、家畜と向き合っている。

専修学校の宮崎県立農業大学校（高鍋町）も被害を受けた。目の前には、交通量が多く、多発地域の川南町に抜ける国道一〇号が通っている。発生当初は入り口を制限したり、消毒槽を設置したりと対策を取った。しかし終息の気配を見せないため、全寮制の同校は四月二十九日から一部を除いて寮生を自宅に帰し、臨時休校とした。肉用牛・乳牛合わせて二一八頭の牛、水田、ハウスの管理を全て職員が担った。休校は当面、五月九日までの予定だったが、続発を受けて一週間延長した。

症状が確認されたのは五月十五日夕方。敷地を接している宮崎県家畜改良事業団ではちょうど、肥育牛に感染が確認され、種雄牛の処分を巡って国と県がシビアなやり取りをしているころだった。一日四回行なっていた健康確認では、午後五時の段階で異常なし。だが、二時間と経過しないうちに肉用牛の一頭で発熱、流涎が確認された。翌十六日にはPCR検査で陽性と判明した。

十七日から殺処分が始まり、帰省していた学生たちは最期にも立ち会えなかった。そのまま休校は延長され、五月三十一日まで一カ月にも及んだ。同校は二年課程の卒業までにプロジェクト研究の論文をまとめなければならない。長期の授業中断、とりわけ半年間も家畜を扱った実習ができず、遅れを取り戻す苦労は並大抵ではなかった。一方でワクチンを接種した農場での防疫作業に従事するなど、畜産を志すうえで貴重な体験もした。翌年三月、災禍を乗り越えて迎えた卒業式では、畜産学科二年の津隈《つぐま》雅士が「口蹄疫を忘れず、命を育てる農業従事者となり、宮崎の農業を支えていく担い手として恩返ししたい」と決意を述べた。

同校は口蹄疫に見舞われた毎年五月に家畜の慰霊祭を開き、記憶の風化を防いでいる。「家畜防疫日本一」の学校となることを願って、碑文が刻まれたモニュメントが設置されている埋却地に向かって黙祷を捧げる。当時を経験した学生はもういないが、同校が畜産の担い手を養成し続ける限り、悲劇を再発させない誓いは後輩たちへと受け継がれていく。

結び合う絆

寝る間を惜しんで消毒に励みながらも拡大する口蹄疫。家畜の出荷停止により収入はゼロ。先が見えず絶望する農家に、支援の手が差し伸べられた。女子プロゴルファー横峯さくらが五月十日、直前の大会で獲得した賞金一二〇〇万円を口蹄疫の被害農家に寄付することを明らかにした。その後、続々と寄せられる支援の先駆けとなる行為だった。

二〇〇九年の賞金女王に輝いた横峯は、全国の市町村別畜産産出額で都城市に次いで第二位の鹿児島県鹿屋市出身。練習環境の良さを理由に、〇五年から宮崎市に拠点を置いていた。国内四大大会の第一戦となるワールド・サロンパス・カップ（五月六〜九日、茨城県）で二位入賞し、賞金全額を寄付した。横峯は首位に三打差の三位と好位置に付けていた最終日の前日、父・良郎に「優勝したら賞金を全額寄付したい」と相談し、賛同を得ていた。追い上げ及ばず優勝は逃したが、「収入源をなくした農家の方の足しになれば」と寄付の意志は固かった。連日の報道で農家の苦境を「ただごとではない」と実感していたからだ。

「わたしの周囲にも呼びかけたい」とプロゴルファーを中心に支援の輪を広げながら、自身も賞金の一部を寄付し続けた。横峯は翌週のフンドーキン・レディース（十四〜十六日、福岡県）で優勝し、「口蹄疫を知っていますか。私は宮崎の皆さんに笑顔が戻るまで寄付を続けたい」とスピーチし、農家の苦境を伝えようと必死だった。十七日には激震地の川南町役場を訪れ、寄付した。この行動に呼応し、宮崎市内七カ所のゴルフコースと練習場一カ所に募金箱が設置された。

「口蹄疫で被害に遭われた農家さんのために、募金、署名をお願いします」。宮崎大学のキャンパスでは十二日、農学部の学生二五人が拡声器と募金箱を手に声を枯らした。署名は農家が一刻も早く経営再開できるよう国に求めるもの。当事者といえるＪＡグループ宮崎ですら、署名開始は十七日で、これに先んじた行動だった。

発起人は農学部三年に在籍していた中村陽芳《はるか》。熊本県の実家は肉用牛の繁殖農家で「子どものように大切に育ててきた牛や豚を目の前で殺処分される農家の気持ちは計り知れない。直接支援はできないが、何か行動せずにいられなかった」と語った。

初日は一時間で六四七人の署名と、四万三〇〇〇円の募金が集まった。その後、学内では獣医学科の学生らが専門知識を生かし、啓発ポスターやチラシをつくって宮崎市街地で配布するなど支援の輪は広がりを見せた。卒業後に西臼杵郡五ケ瀬《ごかせ》町の繁殖牛農家に嫁いだ中村と、今も女子プロゴルフ界の第一線で活躍する横峯。二人の女性が口火を切った支援の行動は、口蹄疫に立ち向かう県民の団結を呼び起こしていった。

「県民一丸となり難局を打開しよう」「危機感を共有しよう」と、宮崎日日新聞社は五月十三日から「絆メッセージ」を掲載し始めた。感染を恐れ、外出もままならない畜産農家の励みになればと募集。

被災農家を支援するため、街頭で募金活動をする宮崎大学農学部の学生＝2010年5月23日、宮崎市橘通3丁目

電子メールやファクス、手紙で寄せられたメッセージは一カ月余りで一〇〇〇通を超えた。「いつかきっと報われる日がくるはず」「消費者は安心安全な食べ物を供給してくださる畜産農家の方に支えられ、暮らしていたのだなと再認識した」「これからも『宮崎牛ブランド』を日本中に響かせられるように頑張って」と、消費者と農家を結んだメッセージは、車両消毒への協力や義援金といった形で少しずつ実を結んでいく。

県と県共同募金会は十四日、県口蹄疫被害義援金の募金箱を設置し、十八日からは口座を開設した。さっそく宮崎市でキャンプを張るプロ野球・巨人や福岡ソフトバンクホークスがそれぞれ三〇〇万円を寄せた。

最終的には同年十月末まで義援金の募集は継続。県内外の経済界や個人、地域の小さなグループまで、一一年一月までの集計で三五億八四二六万七〇四四円という巨額の寄付が集まった。宮崎県は配分委員会を設置して五回にわたり配分を実施。被害農家に一〇万～二〇万円を、人工授精師や削蹄師、獣医師など口蹄疫で仕事がなくなり、経済打撃を受けた業界にも配分した。このほか、復興事業にも充当されている。

宮崎日日新聞社も独自に義援金を募り、同意が得られた寄付者の団体・個人名を掲載して支援の拡大を促した。五月十七日から七月十六日の二カ月で五三〇〇件、三億八五〇〇万円にも及んだ。

宮崎県出身の著名人も支援に加わった。宮崎市出身の小渕健太郎と黒田俊介＝大阪府出身＝によるデュオ「コブクロ」と、高鍋町出身の歌手・今井美樹、その夫でギタリスト・シンガーの布袋寅泰は故郷に思いを寄せ、歌を制作すると六月十日に発表、二十七日から配信を開始した。

ブログで小渕は「心を支えるのは、音楽が持つ一番特別な力」「聴いてくれた方が少しでも元気になってもらえれば」と願いを込めた。タイトルは「太陽のメロディー」で、小渕は「宮崎の人の心と、宮崎の豊かな自然とをイメージしそこに降り注ぐメロディーを綴《つづ》りました。これは、宮崎県の人の心一つ一つが僕等のところに集まってつくらせてくれた、特別な歌です」と紹介した。

十月に宮崎市で大型野外ライブ「コブクロスタジアムライブ2010」が開かれ、ゲストとして今井、布袋も出演し、この曲を披露。口蹄疫でうちひしがれていた県民二万六〇〇〇人を酔わせた。曲の売上金一〇四一万三〇〇〇円は十二月に四人から県へ義援金として寄付された。

シンガー・ソングライターの泉谷しげるが中心となって企画するイベント「水平線の花火と音楽」も、口蹄疫で被害を受けた農家らを励まそうとの思いから生まれた。一〇年九月に川南町を訪れ、口蹄疫の被害を目の当たりにした泉谷が「県民や被害に遭った人がやる気を出せるようなイベントをしたい」と、発起人となって企画した。

同年十一月、宮崎市のみやざき臨海公園で開かれた一回目のイベントには、口蹄疫被害農家とその家族ら二六〇六人を招待。訪れた約二万人とともに、今井美樹や松山千春らが出演したステージと約一万発の花火を楽しんだ。イベントは一一年以降も毎年秋に開かれ、口蹄疫復興イベントとして定着している。

このほかにも寄せられた有形無形の支援は終息に向けて県民を奮い立たせた。翌年三月十一日に東日本大震災が発生した際、宮崎県は「みやざき感謝プロジェクト」と題した被災地支援を展開。五億円の基金を設置け、現地の子どもを県内に招待するなどの恩返しを積極的に行なっている。

また、都農、川南町の農家は東京電力福島第一原発事故で休業や廃業に追い込まれた、計画的避難区域の農家から牛を購入して「命」を引き継いだ。

一九農家・七三頭の購入希望に対し、八頭しか買えなかったが、JA尾鈴畜産部長の松浦寿勝《としかつ》は「家畜を失う悔しさを痛いほど分かっている地域。その気持ちは伝わったと思う。売り上げも後押しでき、被災農家を少しは元気づけることが、できたのではないか」と話す。難局に立ち向かうには「絆」の力――。口蹄疫でも大震災でも実証されている。

官邸動く

「政府を挙げてこの問題に対処願いたい。一刻も早くこの問題に対して、農家の皆さん、宮崎県の皆さんに安心していただけるような状況をつくらなければならない」。五月十七日朝、首相官邸で開かれた全閣僚による口蹄疫対策本部を設置する会合で、首相の鳩山由紀夫はこう述べた。

発生から二八日目。鹿児島県境・えびの市への飛び火、国内で初めて確認された豚への感染、宮崎牛の本丸・県家畜改良事業団の陥落と、危機が何段階ものステージを昇る中、存在感の薄かった政府がようやく重い腰を上げた。当面は対策費に一〇〇〇億円の予備費を投入し、家畜にワクチンを接種するための特別措置法を検討。現地対策本部の設置など対策方針を決めた。

この前日、官房長官の平野博文が来県。知事の東国原英夫は「万全の防疫対策をとっているが、感染拡大が止まらない」と対策を要望。平野から報告を受けた鳩山が対策強化を指示した経緯があった。

家畜伝染病予防法に基づく防疫は地方自治法に基づく法定受託事務だ。国には助言・勧告や指示、代執行など強い関与が認められているが、対策の前線に立つのは都道府県だ。しかし、十七日時点で発生は一一一例を数え、殺処分対象の家畜は八万五〇〇〇頭にも達していた。すでに人員、予算、あらゆる面で、県単独で対処できるレベルをはるかに超えていた。「政治主導」を掲げ、二〇〇九年に政権交代を果たした民主党だったが、当初から「政府の動きが鈍い」と農家らは批判的だった。発生から閣僚級が相次いで来県したが、状況を打開する策を何も示せないまま、時間だけが無為に経過していた。

発生十八日目の五月七日には、党幹事長の小沢一郎が来県。前年に政権交代を果たした同党は、陳情窓口を幹事長室に一元化していた。この「新ルール」を打ち出し、党の最高実力者でもある小沢本人に直接声を届けるチャンスだと、生産者は色めき立った。なかには「発生地域内全ての牛豚を殺処分するくらいのことをするべきだとの声も届いている」と踏み込んだ対策を求める農家も。小沢は「防疫対策の強化を政府に強く要請する」と理解を示しつつ、具体的な対応策や予算措置の提示はなかった。

来県目的のひとつが、同年七月の参院選宮崎選挙区に党公認候補として擁立する新人候補の選挙応援だった。「彼は可能な限り努力し、県民の心をつかんでくれると期待している」。会見で隣席に座る候補を頼もしそうに眺め、口蹄疫に関する質問は、ぶら下がりで数分間応じただけだった。小沢の来県は現場にとって、実り薄いまま終わる。

さらに、発生当初の最高責任者である農相・赤松広隆が宮崎入りしたのは、発生から三週間が経過しつつあった五月十日。生産者団体の代表は宮崎市内のホテルで赤松との会談で、現場の切実な声を上げた。首都圏の高級レストランでも人気があるブランド黒毛和牛「尾崎牛」で知られる尾崎畜産＝宮崎市＝の尾崎宗春は「行政の対応は遅すぎる。口蹄疫は国益を損なう深刻な伝染病。国主導で対策を進めるべきだ」と強く訴えかけていた。

その間、赤松は四月三十日から五月八日まで、九日間に及ぶ中南米への外遊に出かけている。経済連携協定（ＥＰＡ）、自由貿易協定（ＦＴＡ）の交渉が目的とされた。しかし、ゴールデンウイーク明けの国会で野党・自民党から「不要不急の外遊ではなかったのか」と追及される。

このほか、地元・宮崎県出身の社民党党主で消費者行政担当相を務めていた福島瑞穂も十六日に来県。実は赤松農相の外遊時には、農相臨時代理を務めていた。「逐一連絡をもらい、封じ込め対策をしっかりやろうとやってきた」と強調したが、地元の期待に応えたとは言い難い。

この時点で「政治主導」が有効に機能していたとはいえなかった。例えば種雄牛の特例移動についても、県側が農林水産省から手応えのある回答を得たのは五月八日ごろ。「官僚で判断できず、農相の帰国を待っていたのだろう」と県幹部は推測する。

ワクチン接種も同様で、五月四日には県が農水省との協議を始めている。しかし、ワクチンを打てば、健康な家畜であっても殺処分をせざるを得ない。憲法で定める財産権を侵す行為であり、法の後ろ盾がなければ不可能な話だ。

対策については、農水省が動物衛生の専門家らによる牛豚等疾病小委員会の意見を聴いて決定していた。しかし、霞ケ関で開かれたこの委員会が、現場の実情を十分に把握し、刻々と変わる状況に対応したとは言い難い。「政治主導」が迅速に機能していれば、いずれの対策も実施時期が早まり、結果的に犠牲を減らせた可能性もある。

政府が県庁に設けた現地対策本部の本部長には、農林水産副大臣の山田正彦が就任したほか、首相補佐官の小川勝也も陣頭指揮に当たった。小沢の来県時に「国の対策本部の本県への移設」を求めていたＪＡ宮崎中央会会長の羽田《はだ》正治は「遅れてしまったが、とにかく良かった」と事態好転に期待を寄せた。

山田は長崎県の五島出身。一九七〇年代には牛四〇〇頭を飼育、豚を年間八〇〇〇頭出荷する農場を経営した経歴があり、畜産通を自認していた。口蹄疫発生後は四月二十九日に一度、宮崎県庁を訪れ東国原と会談している。東国原は当時、殺処分した家畜への補償が評価額の五分の四にとどまるため、満額の補償とすることや、感染経路の解明、風評被害の防止などを要望している。

しかし、殺処分すべき家畜が三万頭近く残り、防疫措置が後手に回った段階で、最優先すべきは防疫の抜本的な見直しだった。本部が発足した五月十七日夕方に県庁入りした山田は東国原と会談し、終了後に「次のステップへの対策を早急に打たないといけない」と記者団に語る。事ここに及んで「次のステップ」が意味するものはワクチン接種しかなかった。

一方、東国原は翌十八日に「本県畜産が壊滅することはもちろん、全国にも感染が拡大することを否定できない」として、県内全域に非常事態を宣言した。この日の早朝、新富町で初めての発生を確認。宣言では、発生地域の住民には不要不急の外出自粛やイベント・集会の延期などを要請し、農家以外が畜産農家への訪問を控えることも求めた。

判断のタイミングについて、東国原は「川南、都農町、えびの市周辺での封じ込めが一定の効果を示していたにもかかわらず、新富町で発生したことで決断に至った」と説明。しかし、口蹄疫の危機が、いくつもの段階を経て拡大してきた経緯を振り返ると、違和感のある理由だった。記者の間では「現地対策本部ができ、県の対策が不十分だと攻められたのでは」という観測もささやかれた。いずれにせよ、山田の現地入り以降、防疫は急速に動き始める。

涙のワクチン接種

知事の東国原英夫が非常事態を宣言してから五時間後の十八日午後三時半、農林水産省の会議室では、口蹄疫発生後四回目となる牛豚等疾病小委員会が開かれていた。「現行の処分だけではまん延防止が極めて困難となってきており、ワクチン使用を検討すべきだ」。委員の見解はほぼ一致した。農家や県庁の一部でささやかれていた、国内初のワクチンによる口蹄疫制圧が、いよいよ実行に移されようとしていた。

終了後に会見した委員長代理の寺門誠致《てらかどのぶゆき》は「完全に感染を予防することはできないが、症状を抑えることでウイルスの濃度を下げ、感染防止に一定の効果がある」との見解を示す。感染拡大のペースに殺処分が追いつかない状況を説明し、「計画的に処分する時間を稼ぐ使い方だ」と言明した。

口蹄疫ワクチンの使用が、この段階まで俎上に載せられなかったのには、いくつかの理由がある。口蹄疫ウイルスには七つの血清型がある。今回の流行はO型だが、ほかにA、C型やSAT1、2、3型、Asia1型がある。さらに、同じ血清型でもワクチンが相互に効かない多くのサブタイプがあり、変異も激しい。そのため、備蓄ワクチンが流行株と完全に適合する確率は低い。

ワクチンを打てば、動物の体内にはウイルスに対する免疫反応である「抗体」が生成され、感染を防御する。しかし、抗体の生成には一〜二週間かかるため、この間に感染する恐れがある。抗体の生成には個体差もあるため、完全には感染を防御できない家畜もいる。

さらに、抗体は感染由来かワクチン由来かを検査しても判別が難しい。症状を出さずにウイルスを排出し続け、感染源となる可能性もあるため、接種した家畜は感染したものと見なし、殺処分しなければならない。つまり、健康だった家畜の殺処分になるため、農家の財産権を侵害する可能性が高く、同意への足並みがそろうかも不安材料だった。

前回二〇〇〇年の口蹄疫発生時に、農水省家畜衛生試験場（現・農研機構動物衛生研究所）の場長を務めていた寺門も、ワクチン接種の成否について「やってみなければ分からない」と不安げな様子だった。

小委の見解を受け、政府は十九日に追加対策を発表した。川南町を中心に発生が確認された農場から半径一〇㎞圏内の全ての牛や豚にワクチンを接種。その後殺処分して感染拡大を封じ込めるというものだ。半径一〇～二〇㎞圏内は一度牛や豚を全て出荷させ「緩衝地帯」にするという。

急転直下の展開に農家は衝撃を受けた。川南町の繁殖牛農家の五〇代女性は「本格的に国が動いたのは二日前なのに、ワクチン接種の決定は急すぎる。罪のない動物を処分する心の準備ができていない」と動揺する。

自治体関係者も心中穏やかでない。翌二十日には県庁で川南町ほか二市七町の首長が山田と会談した。農協参事などを歴任し、農家に知己も多い川南町長の内野宮正英《うちのみやまさよし》は取材に対し、「対策が地元を無視した形で進められ、不満が広がっている。補償内容も具体的に示されておらず、こういった状況ではワクチン接種に同意できない」と憤った。

山田の著書によると、会談の中で首相補佐官の小川勝也が「このままいくと大変なことになる。わけの分からないことを言うのなら、我々は東京に帰る。後は君たちだけでやってくれ」と言い放つほど、険悪なムードだったという。対立する首長と山田の間に東国原が入り「大枠でいいので、地元が納得いくような補償を明示してほしい」と求め、会談は物別れに終わった。

翌二十一日は東国原と首長が話し合い、方針を山田に伝える形で交渉が再開した。農林水産省がワクチン接種後に殺処分した家畜を全額補償し、再開支援金も盛り込んだ追加支援策を発表。首長の態度も軟化する。さらに、この日の午後二時、未発生だった西都市の和牛肥育農場に宮崎家畜保健衛生所が立ち入り、検体を採取していた。反対の意思を示していた西都市長の橋田和実《かずみ》も「市内でも発生して状況が変わった。これ以上まん延させるわけにはいかない」と折れざるを得なかった。

午後九時二十分から県庁で始まった山田、小川との共同会見で、東国原は涙ながらに「必死に防疫措置している農家の思いを考えると、沈痛な思いを禁じ得ない。本県、ひいては日本の畜産のため断腸の思い。ぜひともご協力をお願いしたい」などと語り、協力を呼びかけた。

東国原は後に自身のブログ（七月十七日）で涙のわけをこう振り返った。「山田副大臣が、初めて来県したとき『僕は、ワクチンを打ちに来たんだよ』とまるで胸躍らせながら言った（少なくとも僕にはそう見えた）その言葉が悔やしくて許せなかったからだった」

そう批判を受けた山田は、直前まで国からの補償や支援策を迫ってきていた東国原の早変わりに驚く。その涙に「さっきまで反対と言っていたのに。パフォーマンスがうまい人だ」と自身の著書で振返っている。政治家として対極にある二人の個性が、浮き彫りになった瞬間だった。

翌二十二日から木城町を皮切りに始まったワクチン接種。農家はやるせない思いで応じた。高鍋町の和牛繁殖農家岡部一男方は開始三日目、四〇頭に接種された。四〇年前に祖父から雌七頭を譲り受け、畜産を始めた。優秀な血統を掛け合わせて雌牛は二〇頭にまで増えた。県共進会でグランドチャンピオンに輝いたこともある。接種当日は「獣医に『家におってくれ』と言われたので、ワクチンの間は牛舎を出て、家内と娘と三人で家におった。牛の鳴き声が聞こえてきたが、四〇年間やっていて初めて聞く鳴き声やった。殺されると分かって悲しんでいるようじゃった。注射は痛かったやろうな」と手塩に掛けた牛を気遣った。

子どもは娘三人で「後継ぎはおらんな」とあきらめていたが、孫の剛人が中学生のとき、「牛養《やしな》いになる」と言った。「牛養い」とは宮崎の方言で「牛飼い」のことである。それから休みの日や夏休みは泊まり込んで牛舎を手伝い、二〇一〇年春、地元の高鍋農業高校畜産科に進んだばかり。「後を継いでくれと頼んだことはなかったから、そりゃうれしかったな。あと五年頑張れば孫に引き継げる。牛を残しておかんといかん」。その思いも全て消え、無念をにじませた。

伝説的存在の安平をはじめ「福桜《ふくざくら》」など、名種雄牛を世に送り出した宮崎市佐土原町の永野正純は四三年間で築き上げた血統をワクチン接種で全て失った。

農場からは盛り土構造の国道一〇号バイパスが見える。向こう側はワクチン接種の対象区域外だ。機械的に線引きされたが「農場が、あと一〇〇m南だったら」と割り切れない思いが募った。二八頭の雌牛は、安平や福桜の血を引いた優秀な母牛ばかり。「四〇年余り、体の具合が悪くても、牛の世話を人に任せたことはなかった。牛たちの評価は高かったが、口蹄疫で一瞬のうちに終わった」と嘆いた。

牛飼いたちは無念の涙を流しつつ、「日本の畜産を守るため、防波堤になる」とワクチン接種に応じた。開始からわずか五日間で、対象となる一二万五〇〇〇頭、一〇二〇戸のうち九九・六％が終了した。

割合は一〇〇％に限りなく近づくが、最後まで頑として接種に応じない農家の存在があった。この農家に、東国原と山田、二人の個性際立つ政治家が絡み合い、国対県の大騒動へと発展していく。

スーパーエースの感染

ワクチン接種に向けて農林水産副大臣の山田正彦と知事の東国原英夫、地元自治体の首長が激しい応酬を繰り広げているさなかの二十一日未明、県に衝撃的な知らせが飛び込んできた。

西都市尾八重に避難して経過観察中だった種雄牛六頭のうち、一頭が遺伝子検査で陽性を示したという。その牛は忠富士。この年の凍結精液ストロー利用計画では、県全体で一五万三七〇〇本のうち、忠富士は二割を超える三万七九〇〇本。えりすぐりの六頭の中でも、スーパーエースといえる存在だった。

忠富士は二〇〇二年六月、宮崎市で生まれた。父牛は鹿児島県の名牛「平茂勝《ひらしげかつ》」、母牛の父は安平というエリート。体重九四三kg、体高は一六二・四cmと大柄だ。〇七年までの現場後代検定の結果では、産子一三頭全てがA4、A5等級で上物率は一〇〇%。全国平均が四〇〇kg台中盤の枝肉重量は大台を超えて五〇九・六kg、一二段階で霜降り度合いを測る脂肪交雑基準（BMS）の平均値は7・3。質と量を兼ね備え、次代をリードする種雄牛として期待されていた。年齢は八歳を迎えようとしており、種雄牛として最も活躍できる時期だった。

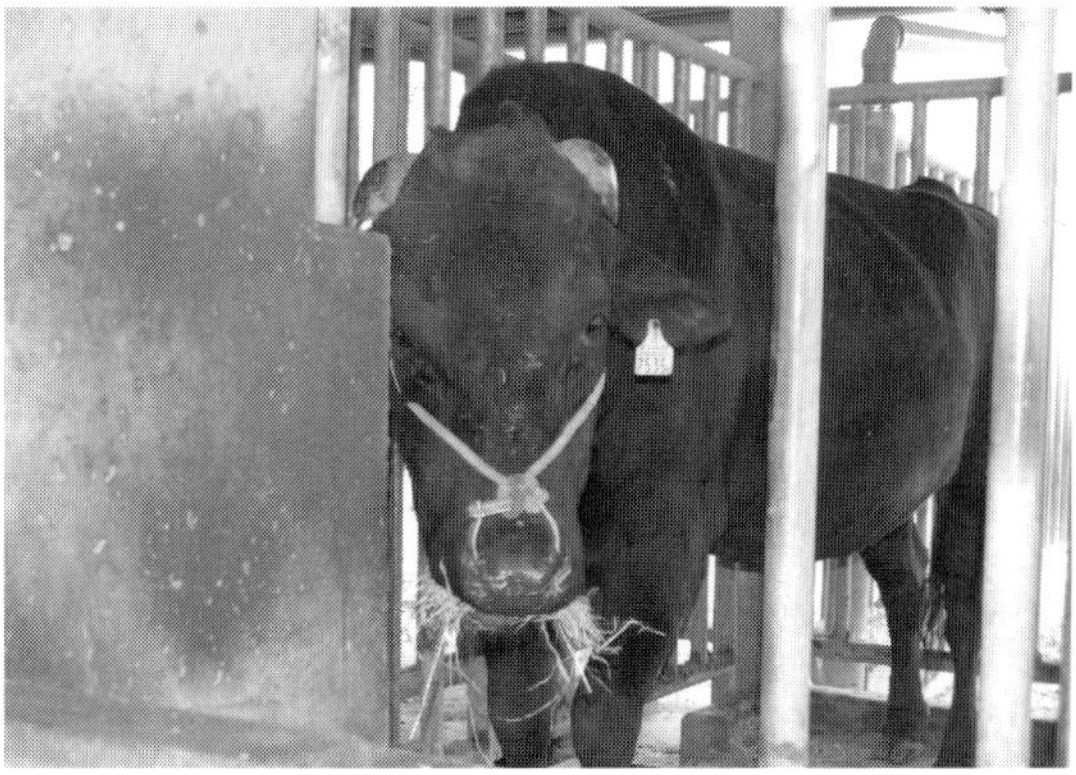

口蹄疫の感染疑いが確認された「忠富士」。本県種雄牛の主力6頭のなかでもスーパーエース級の殺処分は県内外の関係者に大きなショックを与えた＝高鍋町・県家畜改良事業団

六頭は五月十三日昼に高鍋町の宮崎県家畜改良事業団を出発し、尾八重に避難。脱出直後の翌十四日には同じ敷地の肥育牛舎で口蹄疫の症状を示す牛が見つかった。本来は六頭も疑似患畜として扱われ、殺処分を免れないはずだったが、農林水産省からは「一週間、臨床観察をしたうえで、遺伝子検査を実施する」との条件を示したうえで特例として延命されていた。

連日新たな発生という暗いニュースのなかで、六頭の避難特例の条件として続いていた検査結果が「今回も陰性だった」という知らせは、唯一の希望でもあった。「何とかこのまま、無事に乗り切れるのでは」と関係者が思い始めた矢先だった。検査材料は十七、十九、二十日と採取し、二十一日未明に一度、陽性反応を示した。念のため二十日採取の材料も検査したところ、二十二日未明にこちらも陽性を確認した。

一連の口蹄疫会見で最も遅い、午前二時半から始まった同日の記者会見で、県農政水産部長の高島俊一は「間違いであってほしかった」と憔悴《しょうすい》した表情で語った。七～一〇日とされる潜伏期間を考えれば、忠富士は事業団にいたとき、すでに感染したと考えられる。避難が遅かったのでは、と問われた高島は「我々はその時点で最善を尽くした。協議、お願いはしてきた。（移動特例が認められるまでの）壁は厚かった」と無力感をあらわにした。

忠富士は典型的な口蹄疫の症状を示しているわけでなく、食欲低下がある程度だ。そのため、ウイルス排出量が少ない発症前の初期段階と捉え、五頭はさらなる特例措置として、経過観察を一週間延長することになった。救命の可能性について、同部次長の押川延夫は「厳しいとは思っている。何とか助けたいが……」とだけ語った。

二台に分乗したとはいえ、ほかの牛とはシートをかぶせたトラックの荷台で一昼夜を過ごしている。

避難先の牛舎は二m間隔に並んだ牛房に一頭ずつ入居していたが、間を合板で仕切っただけの簡素な構造。飼育は別々の六人が担当していたが、万一ウイルスを飛沫とともに排出していれば、容易に感染する。

これらを考慮すれば、いずれ五頭の感染も覚悟しなければならなかったが、希望となる材料もあった。忠富士は神経質なところがあり、長距離移動のせいか、到着後も興奮状態だった。少しでも落ち着くようにと、七つあるうちの一番端の牛房に入れ、隣は一頭分空き部屋にしていた。ただ、たったそれだけで、児湯郡一帯を焦土と化そうとしている恐ろしいウイルスを防げたとは考えにくい。

ストローのストックは一年分。五頭に感染が及べば、一年後には人工授精ができなくなり、「宮崎牛」生産は完全に立ちゆかなくなる。わずかな望みを託すしかなかった。

このニュースに県内の農家だけでなく、全国の和牛産地も衝撃を受けた。宮崎で子牛を購入し、肥育する産地は近江牛や米沢牛、佐賀牛など数多い。三重県が誇る高級ブランド「松阪牛」は兵庫県の但馬《たじま》牛のほか、全国から黒毛和種の子牛を買い入れ、松阪市とその周辺で肥育する。実は「おとなしく、飼いやすい」と好評な宮崎県産の子牛は松坂牛全体の約四割を占めていた。

約五〇〇頭を飼育する同県多気町の瀬古清史は「購入する子牛の約九割が宮崎県産で、半数近くが忠富士の子。肉質、肉量ともに素晴らしかった。経営にも大きく影響する」と落胆した。

忠富士は一七一例目の発生となり二十二日中に殺処分された。尾八重牧場から半径一〇㎞には移動制限区域を設定。山深い地域とはいえ、二戸の農家が牛約三〇頭の飼育をしており、種雄牛避難によって影響を被ったかたちとなった。ただ、西米良村を選んでいれば、熊本県の農家に迷惑をかけかねない事態になっていた。

五五頭いた種雄牛は一週間余りでわずか五頭となったはずだった……。しかし、誰もが「殺処分されている」と思い込んでいた四九頭が新たな騒動を引き起こすことになる。

四九頭の運命

県有種雄牛のスーパーエース忠富士が疑似患畜となったことで、殺処分が決まっていた四九頭の種雄牛は再び論争の火種として俎上に載せられることになった。知事の東国原英夫は忠富士の処分が決まった五月二十二日の午後、記者団にこう切り出した。

「スーパー種雄牛の残り五頭の問題、あるいは家畜改良事業団の四九頭の種雄牛。状況を見て、国と協議しなければならない。副大臣（山田正彦）ともお話をさせていただくことになると思う」

記者団は驚きととまどいを隠せなかった。同日未明の会見で県農政水産部の幹部は「四九頭はまだ処分していない。近くの大型の養豚場で発生したので後回しになっている」と明かしていた。生きてはいるものの、一度は処分することで整理がついた話を蒸し返せるはずはない。

東国原は「県の財産が、種雄牛が一頭もいなくなるという状況は、本県の畜産ひいては九州、日本の畜産に壊滅的な打撃。それをどう守っていくか。最善の方法、最適ラインを我々は取らなければならない」と言ってのけた。世論を味方に付け、勝算ありと踏んでいるようにも見えた。

当の山田は四九頭が生きていることすら初耳だった。記者団から対応を問われ、胸中穏やかでなかった。翌二十三日に「いまだに殺処分されていないことに驚いている。知事の思いは分かるが、民間でも種牛を持っており、民間まで特別扱いしてほしいということになれば、ワクチン接種などできない。すぐに殺処分してほしいと県には指示している」と、公平性の観点から認めない構えを見せた。

東国原の意向が報じられると、農家は最後の希望にすがるように声を上げた。四九頭には名種雄牛・安平の後継として期待される「安秀勝《やすひでかつ》」など多様な特性を秘めたホープが多く含まれている。

ワクチン接種の対象となった都農町の和牛繁殖農家・黒木伸市は「苦渋の思いでワクチンを受け入れざるを得ない。再開には宮崎の優秀な種雄牛がどうしても必要だ。これ以上、希望を奪わないでほしい」と訴えた。

被害多発地域外からも声が上がる。JA都城の和牛生産部会（部会長・井ノ上廣實）は二十三日、役員ら四人で県庁を訪問。副知事の河野俊嗣《こうのしゅんじ》に部会員と家族ら六三一〇人分の署名を提出し、救済を要望した。井ノ上は「種雄牛は生産農家の宝であり、命でもある。川南や都農など児湯の農家が再起できたときに、種雄牛が残っていないと希望がない。佐賀牛や松阪牛を生産する県外のためでもある」と語った。

山田は二十四日に農水省で会見し、当初の殺処分方針を変えず、首相の鳩山由紀夫から了承を得たことを明かしたうえで、「家伝法（家畜伝染病予防法）に従い、当然直ちに処分しなければならない。今でも生き残っていることは許されない」と厳しく県側を批判する。

批判を伝え聞いた東国原は「残念。種雄牛という特殊性を鑑みていただきたい」と不満を漏らす。さらに「政府はこういう方針でと言うが、われわれは何とかならないかという気持ちを持っている」と粘り強く交渉していく姿勢を見せた。

互いの主張が平行線をたどるなか、政府は県側への歩み寄りを見せる。独立行政法人家畜改良センター（本部・福島県）が所有する宮崎牛系統の種雄牛候補の一部を県側に提供できないか検討していた。同センターは安平の血を引く種雄牛候補を小林市の宮崎牧場などで八頭保有。正式な種雄牛になるにはあと一回種付けの試験が必要だが、農水省関係者は「一から育てるより、はるかに早い」と踏んでいた。

二十六日の参院本会議では、宮崎選出議員の外山斎（民主党）らが経過観察を求めたのに対し、鳩山はあらためて特別扱いはできない旨を発言した後、「国が保有している種雄牛の提供など、できる限りの支援をしていきたい」と答えた。

こうした「落としどころ」に注目が集まる中、東国原の強硬な姿勢は二十七日に一転する。同日の取材に対し、「国へ正式に要望したことはない。畜産業界の思いを代弁したまで」と話し、「今はガイドラインにのっとって豚の殺処分、埋却を急いでいる状態。順番がくれば四九頭も殺処分することになるだろう」と、報道陣も困惑するほど変節した。

ガイドラインと言うなら、法で定めているように、三日以内に殺処分を完了するのが筋である。翻意の裏に何があったのか、答えは翌二十八日に分かった。

この日の県議会全員協議会の中で、東国原は「緊急に入った情報を報告させていただく」と種雄牛四九頭の中に口蹄疫の症状が見つかったことを明らかにした。「近日中に速やかに殺処分する」という。東国原は「多くの、残してほしいとの強い要望を受けている中、極めて残念だが、法に従って処理させていただく」と沈痛な表情で語った。

県農政水産部によると、種雄牛「雅福勝《まさふくかつ》」が二十六日に発熱。同日午前、東国原に報告したという。これでは救済要請が「腰砕け」になったのも無理はない。二十八日朝には、鼻の中に口蹄疫の典型的な症状である水疱を確認した。もはや観念するしかなかった。殺処分は事業団陥落から二週間以上経過した三十一日に行なわれた。

署名に加わった山田町和牛生産部会長の百原幸雄＝都城市山田町《やまだ》＝は「農家としては感染していない牛だけでも、という気持ちはあるが、処分は仕方ない。本当に残念で生産農家も打撃を受けている」と力を落とす。

飼育していた約八〇頭が殺処分された繁殖農家の江藤宗武＝川南町＝は「本心では殺してほしくないし、農家の心情も顧みずにすぐに殺せという国に腹も立つ。それでも、感染してしまった以上、殺処分は仕方ない」と複雑な心境。「これで種牛五頭がいなくなればもう立ち直れない」と不安を口にした。

県側は二十六日の発熱といった口蹄疫の兆候を国には報告しておらず、山田は「非常に残念だ」と不快感をあらわにする。県側は農水省から四九頭の健康状態について報告を求められたことはないと、批判をかわす。「なぜ殺処分されるのに、健康報告が必要なのか」という開き直った姿勢だった。

一方で、農相の赤松広隆は報道陣から種雄牛に症状が出たと聞かされ、「え、知らない。だから早く殺せと言ったのに」と笑みとともに返答した。国側の方針が正しかったことが証明されたからこそ自然と出た笑みだったかもしれない。しかし、この言動がテレビで流れると、「農家の心情を逆なでしている」と県民の怒りを買った。

協働で口蹄疫に当たるべき宮崎県と国だったが、種雄牛問題に関しては埋めようのない溝が存在していた。この対立は四九頭の救済騒動以降も続く。山田の懸念したとおり、民間の種雄牛業者もまた、特例救済を求めようとしていた。

救え主力五頭

牛飼いたちの願いかなわず、避難した忠富士、宮崎県家畜改良事業団に残った四九頭が殺処分され、五五頭いた種雄牛はいよいよ五頭だけとなった。一週間の予定で経過観察し、臨床症状が出ていないかどうかの観察のほか、毎日検体を採取し、ＰＣＲ検査をすることになった。しかし、この措置に対して県外からは、非難の声も上がった。全国肉牛事業協同組合と日本養豚協会は五月二十九日、都内で記者会見し、県に対し、種雄牛五頭の殺処分を求める意向を明らかにした。感染した忠富士と同居していた五頭にも感染の疑いが否定できないためで、日本養豚協会会長の志沢勝は「種の保存よりも（確実な封じ込めで）日本の畜産業界を守ることの方が大事だ」と訴えた。

避難できなかった四九頭の種牛について、同じ農場から感染牛が出たのに宮崎県が延命を求めたり、その後の発症を国に報告しなかったりしたことも批判。「犠牲を強いられた生産者および全国の生産者に対する裏切りで、疫学上あり得ない言語道断の行為」と非難した。種雄牛が全滅した場合の影響に関して、全国肉牛事業協同組合理事長の山氏徹は「種牛は民間にも国にもいる。（感染の疑いがある牛がいる）今の状態では宮崎に牛を買いに行けないという声も寄せられており、残すことは長い目で見て宮崎の畜産のためにならない」と強調した。

特例救済は賛否分かれる措置であったが、知事の東国原英夫は一貫して正当性をアピールし続けた。三十一日付のブログでは両団体の非難に対し、「信じられなかった。がっかりした。我々は、日本畜産振興の同志・仲間ではないのか？　仲間が仲間を叩いてどうするのか？」と疑問を投げかける。

さらに、「抗議より、一層の応援やご指導をいただきたいくらいである」と正当性に自信をのぞかせつつ、「日本の畜産のために、感染拡大を全力で阻止し、また、日本畜産の財産をもできる限り守っていくことも、同時にやっていかなくてはならない」と、種雄牛の救済が宮崎だけの問題でないことを強調した。

避難後の五頭について、宮崎県は厳戒態勢を敷いた。もともと使わなくなった牧場で、木造の牛舎しかなかったため、鉄筋コンクリート製の牛舎二棟を急ピッチで建設。それぞれの牛舎は五〇〇mほど離し、二頭と三頭に分散飼育した。一頭ごとに面倒を見る飼養管理者を付け、餌や糞出しなどを実施。万一どの牛がPCR検査で陽性となっても、残りの牛は殺処分を免れるよう、これまでの反省を踏まえた措置だった。

二十二日から二十八日まで連日採取した検体は、五頭とも全て陰性で無事に一週間を乗り切った。しかし、ウイルスの潜伏期間が七～一〇日ということで念を入れ、さらに一週間延長することになった。PCR検査は六月四日に採取する検体で最終確認とし、感染の痕跡を調べるために抗体検査も実施することになった。

六月六日に発表された両検査の結果はいずれも陰性。種雄牛の救済で、危うく国と対立を深めるところだった東国原は「貴重な五頭を守れる可能性が高まったことに安堵《あんど》するとともに、五頭以外を失ったことを重く受け止めている」と悲喜こもごものコメントを出した。

種雄牛の避難を最初の特例要請とすれば、事業団陥落後の六頭の経過観察は二度目、四九頭の救済が三度目の特例要請と位置づけられる。五頭の救済は実に四度目の特例になったが、ようやく報われる結果となった。

五頭の種雄牛のうち美穂国を育てた宮崎市高岡町の穂並典行は、毎日仏壇に手を合わせて無事を祈り続けた。「まだ一〇〇％安心というわけにはいかないが、うれしいばかり。美穂国は七歳と若く、種牛としてはこれから」と畜産の再興を担うわが子の活躍に期待を込めた。とはいえ、宮崎牛の本丸が受けた打撃は大きかった。人工授精用の凍結精液ストローづくりに向けた精液採取は、この年の九月にようやく美穂国、勝平正、安重守で再開できた。この三頭が事業団へ帰還したのは翌年五月。秀菊安と福之国の二頭は、リスク分散のために、事業団の肉用牛産肉能力検定所（高原町）へ移動させた。さらに、二〇一三年五月には山深い西米良村に二〇頭を収容できる「種雄牛センター」を整備。一カ所に集中して管理する方法は完全に終止符が打たれた。生き残った福之国は一三年三月に高齢のため、精液採取を終了。当時のエース級で現役は四頭にまで減ったため、県は次代の種雄牛づくりを急いでいる。

口蹄疫の終息後、同じ畜産県から精液ストローの提供が相次いでおり、種雄牛の造成に有効活用されている。真っ先に手を差しのべた青森県は、基幹種雄牛「第1花国《はなくに》」のストロー一〇〇本を本県に無償で譲渡した。全国で下位から二位だった青森の子牛価格を全国一に押し上げた功労牛である。〇九年に死んだ際には、地元紙・東奥日報が一面トップで報じたほど愛された牛だった。ストローは県外不出だったが、〇五年に互いの改良に役立てようと、安平のものと一〇〇本ずつ交換した経緯があった。一〇年十月の出発式では、青森県知事の三村申吾が「同じ畜産県として、新たな種雄牛づくりに役立ててほしいとの思いを込めて提供することにした。一日も早く元気を取り戻してほしい」とエールを送った。このほかにも、宮城県から種雄牛五頭の二五〇本、岩手県からエース級「菊福秀《きくふくひで》」の一〇〇本、鳥取県からは「北福内《きたふくうち》」など四頭の四〇〇本、山形県からも「安秀《やすひで》１６５」など四頭の二〇〇本が寄せられた。いずれ、次代を担うエースが育つことが期待されている。

また、宮崎県は口蹄疫の渦中に、事業団の肉用牛産肉能力検定所で種雄牛候補として飼育していた生後八カ月から一年の一六頭を、西臼杵郡高千穂町に避難させて死守。このうち、福之国の血を引く「義美福《よしみふく》」の精液を使って生まれた牛の枝肉調査は口蹄疫後の一三年四月に初めて行なわれ、好成績を収めた。

種雄牛騒動のさなか、県農政水産部長の高島俊一は一連の口蹄疫対応に追われ、過労により五月二十四日に入院。約一カ月の長期療養を強いられていた。復帰後、賛否を呼んだ特例について「批判も重々承知しているが、種雄牛がいなくなれば本県畜産の再生はない。時を経て判断は正しかったと評価されるはずだ」と強い口調で語った。一二年に開催された第一〇回全国和牛能力共進会長崎大会では、種牛・肉牛混合の7区（総合評価群）で美穂国を父に持つ種牛四頭、肉牛三頭のセットが最高賞の内閣総理大臣賞をつかみ、宮崎牛に再び「日本一」の称号をもたらした。高島の言葉は、わずか二年後に現実のものとなった。

殺処分の現場

口蹄疫の発生は最終的に、宮崎、都城、日向、西都、えびの市の五市、児湯郡都農、川南、高鍋、新富、木城町、東諸県郡国富《くにとみ》町の六町で計二九二例に及んだ。この一一市町村では同時に、ワクチンを接種した後の殺処分も実施された。発生は飼養者が同一であった農場を含めると三一五カ所、ワクチン接種の農場が一〇四七カ所の計一三六二カ所。六万九四五四頭の牛をはじめ、豚や羊やヤギなど二九万七八〇八頭の命が犠牲になった。

無機質な数字を記しただけでは見えてこないが、各農場では長年、喜びや苦労を共にした家畜と涙の別れがあった。そして、殺処分・埋却作業に従事した獣医師、自治体や農協職員、建設作業者、自衛隊員らにも過酷な体験が待ち受けていた。

殺処分の方法は家畜の種類によって異なる。牛の場合は柵や鉄柱につなぐ「保定」作業の後、獣医師が鎮静剤を打ち、消毒薬を静脈注射して薬殺した。数百kgの巨体が転倒してくることもあり、気を抜くと非常に危険な作業だ。豚の場合は体の大きさに応じて、専用の機械を用いた電気ショック、トラックの荷台に集めて二酸化炭素を流し込んでのガス殺、牛と同様の薬殺を使い分けた。死んだ後は重機で掘った穴に運搬し、消毒用の消石灰を散布しながら埋却していった。空っぽになった畜舎は丹念に清掃され、家畜が触れたもので消毒できない餌や排泄物は「汚染物品」として、全て埋却された。電殺では肉の焦げる臭いが漂い、ガス殺では豚の悲鳴が上がるなど、作業員の目、耳、鼻ともに耐え難いものだった。牛に蹴られて骨折や内臓破裂の重傷を負ったり、消石灰や炭酸ソーダなどの消毒剤で皮膚障害を受けたりした作業員もいた。

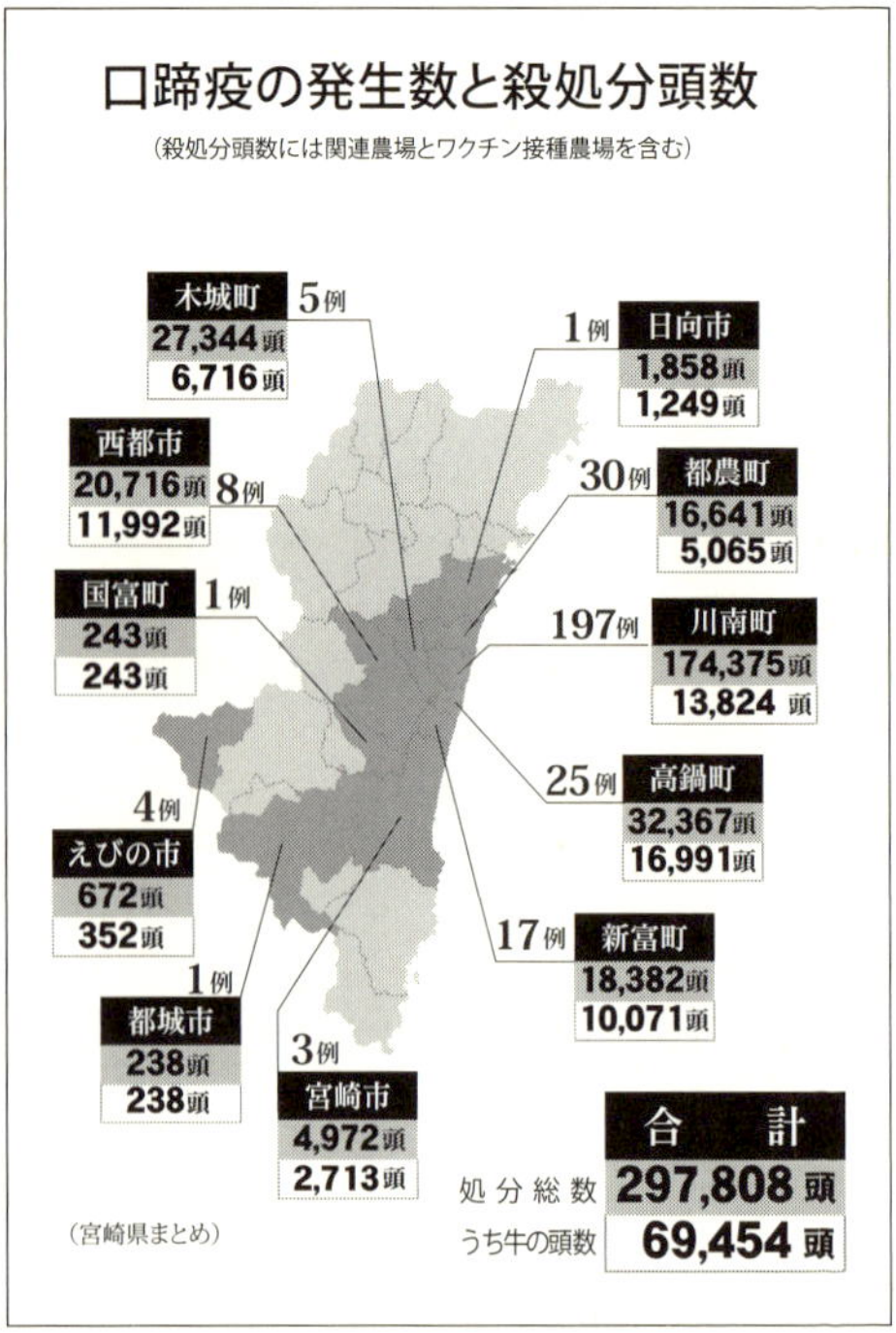

川南町の開業獣医師・小嶋聖《せいじ》は感染拡大を座視できず、志願して五月二十日から殺処分に参加した。

防護服と手袋は二枚重ね。長靴を履き、マスクも着ける。暑い日が続き、手袋や長靴の中に汗がたまった。現場には熱中症予防のためにペットボトル入りの水やお茶が大量に用意され、こまめに水分を補給したがトイレにはほとんど行かなかった。多い日で六〇〇〜七〇〇本の注射を打ち、右手を疲労骨折した。以前、難産で取り上げた子牛を自分の手で殺さなければならない場面にも遭遇した。「本当にしなければいけないのか、しばらく考えた」という。殺処分には速さが求められ、感情を押し殺し、冷静に淡々と作業する必要がある。「地元とのつながりが深い分、精神的に予想以上につらかった」と振り返った。

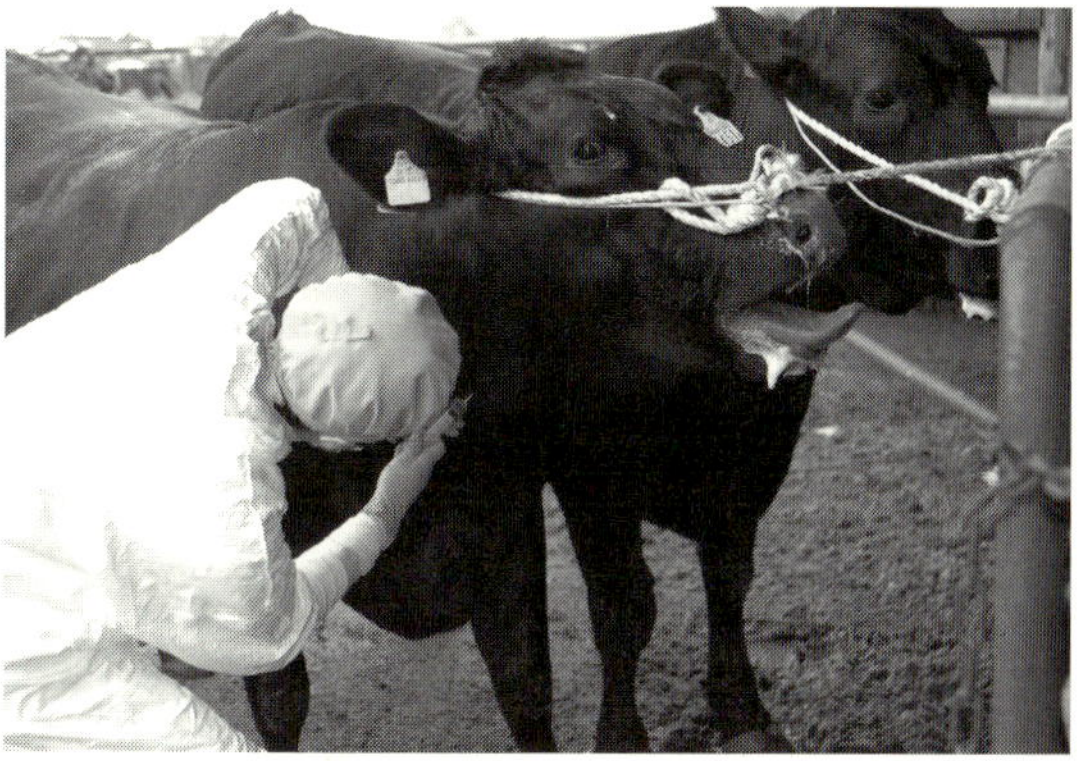

首に薬剤を打たれ、殺処分される牛たち

終息後、再開を期す発生農場にはウイルスが残留していないかを判別するための観察牛が導入された。この牛が風邪をひいたと農家から呼ばれ、抗生物質を打つ瞬間、「これは殺処分で使っていた薬ではないか?」などと、ためらったこともあった。精神的なダメージは深かった。

終息までには膨大なマンパワーを要した。ピーク時には獣医師の動員数は二〇〇人を超え、防疫作業従事者は延べ人数で宮崎県職員四万八〇〇〇人、農協など団体職員一万八五〇〇人、自衛隊員一万八五〇〇人など計一五万八五〇〇人に及んだ。

一方、農家たちはどんな心情で牛との別れを迎えたのか。ここで一人の少女の作文を紹介したい。

宮崎日日新聞社は口蹄疫の経験と教訓を県民が共有・伝承し

ていくため、一例目が発生した四月二十日を「口蹄疫を忘れない日」とすることを二〇一二年に提唱した。この一環として一三年に実施した「命をいただく」をテーマにする口蹄疫作文コンクールには、中学、高校・一般の部の二部門に計六七八点の作文が寄せられた。中学の部で最優秀賞を受けた都農町立都農中学校三年生の三輪有希は、自ら見届けた殺処分の悲しい光景を作文に込めた。祖父母は南隣の川南町で五六頭を飼育する繁殖農家で、小学校四年生になってから毎週牛飼いの手伝いに通っていた。顔の違いが分かるほど世話してきたが、口蹄疫発生後は感染防止のため、祖父母宅への出入りを許されなかった。

翌日に殺処分が迫り、最後の別れを告げるため一カ月ぶりに牛たちと再会できた。その日に「希望」と名付けた子牛は生まれる。「寂しくないように、向こうで迷わないように」と、母子四組の体に黄色いスプレーで数字を記し、一緒に埋葬してもらった。

口蹄疫の前まで三輪にとって、牛たちは「家族と同じ」存在だったが、この経験後は「育てた牛を市場に送り出す人たちも、あのときの自分と同じ気持ちなんじゃないか」と考えるようになった。生きるために命をもらう「命のリレー」。だからこそ、リレーを断ち切られた口蹄疫のことは忘れてほしくない。三輪が「生きるとは何か」と題した作文には、そうしたメッセージが込められている。

「生まれたぁ」

殺処分される前日午後七時三十七分。穴を掘りに来てくれた建設業者の人にも手伝ってもらって、予定日より五日も早く、青い瞳をした可愛いメスの子牛が生まれた。二人のおじさんは「牛が生まれるのに立ち会ったのは初めてだ」と涙でぐしゃぐしゃの顔のまま夢中で写真をとっていた。子牛は元気に立ち上がると、母牛の所へ行き甘えだした。この子の名は希望。悲しみにくれた畜舎の中に一筋の希望の光が生まれた。

五月二十七日、私は学校を休んだ。腰の痛む祖父母に代わって、一生懸命育てた五六頭の最期を見届けようと思ったのだ。朝、最期のえさやりは、それぞれの好きな草を腹いっぱいになるまで食べさせ、名前を呼んで「今まで、ありがとう」と話しかけていった。たぶん、牛たちも気付いていたのだろう。いつも以上におとなしく、私の瞳をじっと見つめていた。

希望は元気に母牛の隣で走り回っていた。

獣医さんが来て、私と牛たちは離された。今まで聞いたことがない、悲鳴のような牛たちの声は、今も耳に残っている。細い一本の針でバタバタと倒れていく、大きな黒い背中を私はずっと、ぬれた瞳で見ていた。

希望と母牛の番がきた。母牛は、希望と離れた瞬間すごく暴れだした。何人かの大人に押さえられながら、息をひきとった。希望はどんな気持ちで母を見ていたのだろう。

私は気付いた。「泣いている」。祖父母も獣医さんも希望も私も風や木さえも。「泣いている」

一七時間五二分。希望の命のながさだ。一日生きることさえも許されなかったのか。

希望にも針は刺された。痛かっただろうに。小さな背中はすぐに横たわった。

でも、もう大丈夫。今度はちゃんと母さんに甘えられるように、違う世界にいっても母さんを見失わないように、獣医さんが寄り添うように寝かせてくれたからね。そう、語りかけながら、私たちは瞳を閉じ黙とうをした。

あれから、もう三年。あんなに恐れられた口蹄疫の爪痕も、まだ残ってはいるものの少しずつ復興という言葉とともに前進してきた。宮崎牛は日本一をとり、私の町都農町でも、夏祭りは盛大に行なわれた。今では何も気にせず外出でき、スーパーではたくさんの宮崎産牛、豚肉が売られている。

でも、ほんとに口蹄疫のことは忘れてほしくない。キレイごとなどではなく、本当に生きることは食べること。食べることは命をいただくこと。そして、その一つの命には何十、何百の時間と人の心があることを、ずっと忘れないでほしい。命とは生き物が生きるうえで、一番大切なものなのだから。

東国原vs山田

政府の口蹄疫現地対策本部長・山田正彦が「焦土作戦」と名付けたワクチン接種は、五月二十二～二十六日までの五日間で対象頭数の九九・五％を終了。この間、拒否していた農家も徐々に自治体の説得により接種に応じ、最終的には一〇二〇戸の農家が協力した。最盛期に一日一五件あった発生は、ワクチン接種後には六月十二日の一二件を最後に、一日一～五件に落ち着いた。体内で抗体を生成し、感染への抵抗力を持つまでに一、二週間かかるとみられていたため、徐々に件数が減るのは、効果を発揮したとみてよかった。

六月九日には県内最大の畜産地帯・都城市の高崎町《たかさき》で計一三八頭を飼育する肥育農場で発生。翌日には宮崎、日向市など「ワクチン包囲網」の外で確認が相次いだが、いずれも迅速な防疫措置によって、散発的な発生で封じ込んだ。

疑似患畜は六月末、ワクチン接種の家畜は六月二十四日まで、と国から殺処分の期限を区切られながらも、現場は懸命に対処。ようやく出口が見え始めていた。ただ、県には解決困難な懸案があった。一軒が頑として接種に応じなかったのだ。

この農家は高鍋町で県内唯一の民間種雄牛を飼育する三共種畜牧場代表の薦田長久《こもだながひさ》。牛飼い歴は五〇年を超え、宮崎県都城市で一九七七(昭和五二)年に開かれた第三回全国和牛能力共進会では、出品した「長久《ながひさ》」が若雄の部で優等首席に輝いている。実は県が種雄牛を避難させた際、自身の種雄牛も避難させてほしいと要請していたが、「公費を投入した事業団の種雄牛とは訳が違う」と断られていた。別農場で飼育する肥育牛四〇八頭のワクチン接種、殺処分には応じていたが、種雄牛六頭だけは譲らなかった。五月二十八日に参院本会議で全会一致し、スピード成立した口蹄疫対策特別措置法は、ワクチン接種後の殺処分を法的に可能にしている。成立時、薦田は宮崎日日新聞社の取材に、「犠牲の精神で農家がワクチン接種に同意し、複雑な気持ちを抱えている中で、国の権力を強化したことは納得がいかない」と語っているが、このコメント自体が、その後の騒動を予見させるものだった。

譲らない薦田に県が具体的なアクションを起こしたのは、終息が現実的に見えてきた六月二十九日。知事の東国原英夫は同牧場に出向き、特措法に基づいた殺処分を勧告した。期限は七月六日だ。ただ、東国原は「問答無用で法律を適用するのは避けたい」と、相手の出方をうかがうかのように、静観の構えを貫いた。期限当日の会見でも「今日いっぱい、期限いっぱいは注視する。見守る」と姿勢は変わらなかった。一方で副大臣から大臣に昇格していた山田は同じ日、「また口蹄疫のような騒ぎが起こったとき『私はワクチン接種を受ける』『受けない』というのでは、封じ込めができなくなる」と、例外は認めなかった。

薦田側は電話取材に「強制的に殺処分するのなら、法的措置も辞さない」と強硬姿勢は変わらない。

仮に訴訟に発展すれば、七月十六日に迎えようとしていた児湯地域の移動制限解除は、延びる可能性もあった。七日に県庁で記者会見した薦田は「畜産の再建に役立てたい」と、種雄牛を守り抜く決意を述べた。さらに、自身が最も期待を寄せる種雄牛「勝気高《かつけだか》」について「(三大ルーツの一つである鳥取県の)気高系で固めた牛。事業団の牛はハイブリッド(交雑)になっており、畜産の復興にはこうした原種が必要になる」と訴えた。

同席した弁護士は特措法について「家畜伝染病予防法だけでは口蹄疫のまん延防止が困難なときに殺処分勧告ができる」とあるが、東国原が勧告した時点ではそうした条件に該当しないと批判。妥協点は見いだせそうになかった。

何としても自身の牛を残したい薦田は、八日に牧場を訪れた東国原に「種雄牛六頭を県に無償譲渡したい」と申し出る。県有化すれば、これまでの経緯から公益性の観点で国に特例を要請できるし、補償が薦田には入らないので、ほかの農家との平等性も担保できる。東国原もこの方針に同調し、国に要請する意欲を見せた。あまりに特例を求める県側に、山田は怒り心頭に発した。「宮崎県は口蹄疫という、国家的危機管理に対する意識があまりにもなさすぎる。県の甘さがこれだけの被害を生んだと言ってもいいのではないか」と激しく非難する。県と国の亀裂は修復不能なまでに広がりつつあった。東国原も負けてはいなかった。自身が常々情報発信の手段にしていたブログに十日、約五〇〇〇文字の長文を掲載。「そもそも、広域災害や法定伝染病は国家的危機管理の問題である。それが世界の常識である。広域災害や法定伝染病を地方の責任だという国家がどこにあるだろう」と、かみついた。

政府が現地対策本部を置いたのは発生から一カ月近くたってから。ワクチン接種も農家の説得は地元の自治体任せ。県の財産である種雄牛についても「政治主導」をうたう政権でありながら、特例判断の遅れによって、エース級以外は壊滅。これまでの鬱屈が爆発したかのような批判ぶりだった。

民間種雄牛の救済問題が頓挫する中、七月十一日に民主党政権が誕生して最初の国政選挙となる、参院選の投開票が行なわれた。宮崎選挙区では自民現職が民主党新人に一二万五〇〇〇票余りの大差で圧勝。全国でも民主党は改選前の五四議席を一〇減らす惨敗だった。この結果にも、東国原は「現政権に鉄槌が落とされたということ」と、口蹄疫がまだ終息しない中で選挙を強行したことを暗に批判した。種雄牛問題を発端に、口蹄疫対策や民主党政権の在り方にまで東国原の憎悪は及んでいた。

東国原は十三日に上京し、農林水産省で山田と会談。東国原は「農家は殺処分されたら自分も死ぬと言っている。彼は本気。命に手を掛けるような行政判断はしたくない。また、六頭は目視では感染しておらず、半径一四km以内にも家畜はいない。まん延の危険性はゼロと言ってもいい」と正当性を主張。山田は「今後、ＰＣＲで陰性だからいいんだ、という人が出てくることもあり得る」と重ねて処分を要請。会談終了後には都道府県知事の不適正行為として、地方自治法に基づき是正勧告したと記者団に語る。勧告に従わない場合は、代執行も辞さない姿勢をのぞかせた。法定受託事務で都道府県に対する是正勧告は初めて。六頭の牛を巡る問題は、県政の歴史に汚点を残しかねない政治ショーへと発展していた。

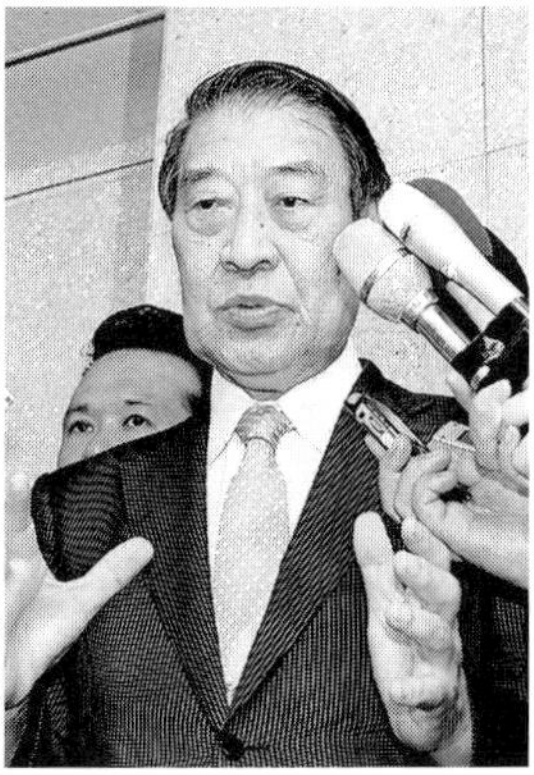

民間種雄牛の殺処分をめぐり、意見が対立した知事の東国原（左）と農相の山田

戦いの結末

「殺処分を拒むことによって、非常事態宣言や移動制限解除が遅れることには納得できない」。農相・山田正彦と農林水産省での会談に臨むため知事の東国原英夫が不在の宮崎県庁に七月十三日、児湯・西都地域の牛・豚の生産者部会代表一一人が殺処分を求める要望書を手に詰めかけた。会見したJA尾鈴畜産組織連絡協議会会長の江藤和利をはじめとする各代表は「県外の購買者が安心して買いに来られる状況にしてほしい」「(種雄牛農家の)思い、気持ちは分かるが、口蹄疫は法定伝染病だ」と不満を口にした。国との関係悪化、非常事態宣言による抑圧された県民生活――。東国原や民間種雄牛農家・薦田長久への風当たりは次第に強くなっていた。県庁内部でも「種雄牛を守っても商工業は守れない」「関係悪化によって国から最低限の予算しか配分されないのでは」と懸念する声まで広がった。

十五日には、県議会議長の中村幸一、JA宮崎中央会会長の羽田正治が二人で東国原と面会。羽田は内容を明かさなかったが「全体を見て何をしないといけないか、ということだ。商工業関係にも影響が出ている。早く殺処分をというのが総意」と語った。県政界に影響力を持つ二人に諭され、東国原も折れざるを得なかった。同日、薦田を訪ね、十六日午前中を回答期限として殺処分を受け入れるよう要請。約二カ月、自身の種雄牛を残せないか模索してきた薦田も、ついに信念を曲げた。翌十六日に県庁を訪ねた薦田は「県民のためになると思ったことが、逆にためにならないことは避けたい」と東国原に伝える。殺処分の条件として、抗体検査の実施を提示した。記者団を前に「自身の防疫が間違っていなかったことだけでも証明したい」と語った言葉は長年の牛飼いで築いたプライドから出たものだった。

二九万七八〇八頭という膨大な家畜が命を奪われた口蹄疫で、最後の犠牲となった六頭は十七日、粛々と処分された。山田の後任として農林水産副大臣と現地対策本部長を務めた篠原孝も現地に出向き、「力になれず申し訳ない」と謝罪。鷹田は「国や県の畜産振興に力を入れてください」とだけ応じたという。児湯地域を長い間覆っていた制限区域は十八日午前零時、全て解除された。

東国原はこの年の九月、県議会で二期目の知事選不出馬を表明。「県知事としての限界を感じてきた。口蹄疫の問題でも、いろいろ協議して国とぶつかるたびに非力感を感じた」と国の統治システムを変革したいという意向を理由に挙げた。翌年一月二十日に任期満了で退任。四月には東京都知事選に立候補したものの、四選を目指した石原慎太郎に及ばなかった。その後は一二年十二月の衆院選で日本維新の会から比例単独候補として立候補し、近畿ブロックで初当選した。しかし、一三年十二月に党方針に異を唱えて離党し、議員も辞職した。一五年一月に任期満了を迎える宮崎県知事への再出馬も取りざたされている。口蹄疫問題では、県有種雄牛問題で突然の救済を口にしたり、民間の種雄牛問題でも方針を二転三転させるなど、周囲も真意を測りかねる言動があった東国原。知事任期中にも二度の国政転身騒動を起こすなど、政治スタンスには県民にも不可解な部分が存在する。

一方の山田は、わずか三カ月余りで農相を退任。衆院の農林水産委員長に就任し、一一年四月に成立した、改正家畜伝染病予防法の成立に尽力した。口蹄疫の教訓から、殺処分された家畜の補償は全額とすることなどを盛り込んだ。しかし、一二年には環太平洋連携協定（ＴＰＰ）への参加方針に反対し、民主党を離党した。同年の衆院選では新党「日本未来の党」公認候補として長崎三区から出馬し落選。一三年の参院選には「みどりの風」から比例代表九州沖縄ブロックで立候補したが、再び落選した。東国原とは何の因果か、口蹄疫後の三年間で「離党」「浪人」「落選」という共通項がある。これだけ個性際立つ言動の二人が衝突したのは必然だったのかもしれない。

話を口蹄疫の終息期に戻す。県内に最後に残った移動・搬出制限区域は、七月四日に発生した宮崎市周辺に設定されていた。二十七日午前零時、ライトアップされた県庁の前庭で東国原は「県内全域が危機的状況から脱したと判断し、非常事態宣言を全面的に解除する」と表明。四月二十日から始まった戦いは発生九九日目で区切りを迎えた。

イベントも大手を振って開催できるようになった。八月一日には高校生の文化の祭典・第三四回全国高校総合文化祭・宮崎大会が華々しく開幕。五日間の日程で繰り広げられ、全国から生徒や教諭ら約二万人が来県した。総合開会式には秋篠宮ご夫妻と次女の佳子さまが出席。秋篠宮さまは口蹄疫について触れ、「一日も早い復興を願っています」と励ましの言葉をかけた。

ただ、防疫措置はその後も続いた。殺処分を急ぐあまり、農場には本来、殺処分した家畜と一緒に埋却すべき大量の糞尿が積み残されていたからだ。これを堆肥化し発酵熱でウイルスを消毒するまでに、さらに三一日間を要した。八月二十七日に口蹄疫の終息宣言が出され、「凍り付いた畜産の日常」が溶かされるまで、合計一三〇日間にも及ぶ長き戦いとなった。

「久しぶりにこんなに多くの牛を見て、宮崎もやっとここまで来たかと感じた。牛の鳴き声のない児湯地区はさびしいので、早く導入したい」。トップを切って八月二十九日、発生地から遠く離れた高千穂家畜市場（高千穂町）で子牛競り市が再開された。参加した都農町の繁殖農家・長友良昭は牛の匂い、鳴き声を懐かしんだ。被害が集中した児湯地域でも九月三十日、児湯地域家畜市場（新富町）で半年ぶりに再開。県内市場で最後となったが、「ご祝儀相場」の色彩を帯び、平均価格は前回（三月）を七万円以上も上回る四四万七七九一円の高値を付けた。市場を運営する児湯郡市畜連会長の壹岐定憲は「全国から『宮崎の畜産を守る』という意味で声援や支援をいただいた。日本で一番クリーンな市場にするために最大限の努力を続ける」と誓う。取り戻した日常のありがたみは、そう決意させる価値があった。

一方、薦田が要望した種雄牛六頭の抗体検査は山田の農相退任後、農林水産省が実施。全て陰性だったとの結果が二〇一〇年十月七日に公表された。

激震地は今

「防疫の徹底や記憶の風化防止など『忘れない』ための活動と並行し、畜産の新生など前を向いた取り組みも進めていく」。二〇一三年八月二十七日。口蹄疫の終息宣言から丸三年を経過した節目に、高鍋町にある宮崎県農業科学公園ルピナスパーク内の口蹄疫メモリアルセンターがリニューアルされた。約一五〇人の関係者を前に、副知事の内田欽也《よしなり》は教訓を胸に、新たな畜産を模索する姿勢を強調した。同センターは県民の記憶が徐々に薄れてきた一二年八月に開設。報道写真や図書、全国からの応援メッセージ、防護服、DVDなど約二〇〇点の資料を展示。リニューアルでは、宮崎日日新聞社が募集した「口蹄疫作文コンクール～命をいただく」の入賞作六点のパネルなど、二〇点の資料を追加した。開設から同年一二年末まで一年四カ月あまりで来館者は五万九八四七人。地元の小中学校や高校が校外学習で訪れるほか、九州一円のほか遠くは北海道からも農協や獣医師の団体が見学に来た。

被害に遭った農家は全てが再開に奮い立ってはいない。発生から三年が経過した一三年四月二十日現在でも、家畜を失った農家一二三八戸のうち、経営を再開したのは六二％に当たる七六二戸にすぎない。直前の一年間でも新たな再開は二三戸だけと頭打ちとなっている。畜種別で最も多くを占める肉用牛繁殖は九七〇戸中五六三戸で五八％にとどまる。数頭を養っていた高齢の小規模農家がほとんどで、畑作や稲作との複合経営だったのを耕種専念に切り替えたケースも少なくない。牛を飼わない要因としては第一に、後継者がいなかったため「やめる機会」と感じた農家が多かったことが挙げられる。農家が順守すべき飼養衛生管理基準が見直され、これまで以上に厳重さが求められる防疫面の経済的、身体的な負担もある。さらには、宮崎県で終息後の一〇年末から一一年初頭にかけて韓国で口蹄疫が大発生したため、国内侵入への懸念も作用している。飼料高騰と牛肉価格の低迷、環太平洋連携協定（TPP）交渉への参加など不安材料は枚挙にいとまがない。

新しい飼養衛生管理基準は二一項目。特に宮崎県の口蹄疫では埋却地確保に手間取り、防疫が後手に回った反省から、畜主に用地の準備を求めている。二四月齢以上の成牛で一頭当たり五平方mが標準だ。県が一二年度に実施した農家の巡回指導では、県内の牛を飼育する八二二七戸のうち、未確保はわずか九戸。確保率九九・九％と比較的優秀な数字を達成している。

発生前は日常的に畜舎などの消毒を徹底していた農家が少なかったため、県は一〇年十月から一例目発生の四月二十日に合わせ、毎月二十日を「一斉消毒の日」と定めた。さらに四月は、特別防疫月間と位置づけ、空港や港湾に置かれた消毒マットなど水際対策を点検したり、チラシなどで農家への啓発をしたりしている。

地域ぐるみで防疫意識を高めているのは都農町の長野地区だ。一〇年十一月から「一斉消毒の日」に、農家が輪番制で地区の防疫活動を展開。農場に通じる道路や人が集まる機会が多い公民館、消防機庫の周辺などに動力噴霧器で消毒液を散布している。JA尾鈴肉用牛繁殖部会長野支部長の黒木晶樹《まさき》は「機器のメンテナンスや薬剤の使用期限のチェックもできる。口蹄疫そのものより口蹄疫を忘れることが一番の敵だ」と自戒する。

先人の努力の結晶であった県有種雄牛は、県家畜改良事業団（高鍋町）の一カ所で集中管理していたため、避難が間に合わず、一挙に五〇頭も失った。リスク分散の必要性を痛感した事業団は一三年五月、山深い西米良村に事業費四億四〇〇〇万円を投じて二〇頭を収容できる「西米良種雄牛センター」を建設した。精液採取施設、消毒設備などを併設。牛舎の床面積は二棟で六七五平方mで、一頭当たり一六平方mの牛房と二四平方mの運動場を備えたゆとりあるスペースを確保した。内部にはパイプを張り巡らせ、毎日朝夕の二回、自動で消毒液を散布する。竣工式で事業団理事長の岩下忠が「口蹄疫からの復興のシンボルとして、全国のモデルとなる防疫体制を敷く施設ができた。宮崎牛のさらなる飛躍のため、しっかり種雄牛を守っていく」と誓った。官民一体となって優秀な系統を造成してきた事業団。改良面だけでなく防疫面でも和牛界のトップクラスを目指す。

終息から三年を経過してもなお、懸案事項となっているのが、埋却地を農地として使えるようにする再生整備だ。家畜伝染病予防法によって、防疫措置完了から三年間は発掘が禁止されていたため、一三年度ようやく緒に就いた。県は一二市町二六八カ所、九七・五haのうち、所有者らが再利用を希望する二二〇カ所、八四haを三年かけて復旧させる。五月に開始した整備のうち、八月に完了した二〇aを所有する川南町の和牛繁殖農家・西森和弘は「元通りになるか心配だったが、むしろ埋却前より状態が良くなった。できるだけ早く牧草を植えたい」と、はやる気持ちを抑えられない様子。懸案事項が全て片づいたせいか「心のつかえが取れたような感覚。本業の畜産も口蹄疫発生前より発展させたい」と晴れやかな表情を見せた。

畜産から去り耕種に挑む者、増頭する者、防疫の徹底に励む者——。速度も方向も違えど、被災地はたくましく復興の歩みを進めている。

コラム

豚肉の生産も盛ん

全国和牛能力共進会の連覇で宮崎牛ばかりが脚光を浴びているが、宮崎県内では豚の生産も盛んだ。二〇一三年の県内飼養頭数は八三万八〇〇〇頭で鹿児島県に次いで全国二位。口蹄疫直後の二〇一一年は前年の九一万四〇〇〇頭から七六万六〇〇〇頭まで落ち込んだが、現在は回復しつつある。

銘柄豚の数も多い。日本食肉消費総合センターの銘柄食肉リストに登録された銘柄数は鹿児島県の一一を上回る二〇で九州トップ。全国を見ても二〇以上の銘柄があるのは北海道、岩手、群馬、静岡県だけだ。宮崎県西部の「おいも豚」「観音池ポーク」、児湯郡川南町の「まるみ豚」など県内で一定の知名度のある銘柄豚も育っているが、県民になじみがあったのが県内で広く生産され県花・ハマユウを冠した「宮崎ハマユウポーク」だろう。宮崎県畜産試験場が約二〇年にわたり改良を繰り返してつくり上げた「原種」と呼ばれる特定の品種を掛け合わせることで、昭和六〇年代に軟らかくロース断面積の大きなブランド豚を確立させた。ところが二〇一〇年の口蹄疫の際、原種のほとんどが発生地域内で飼養されていたため、殺処分されてしまう。宮崎ハマユウポーク普及促進協議会によると口蹄疫直前の〇九年度に七万一六〇〇だった出荷頭数は、一二年度には三万頭にまで減少。一五年度を最後に宮崎ハマユウポークは姿を消すことになる見込みだ。

そこで宮崎を代表する新たなブランドとして創設されたのが、「宮崎ブランドポーク」だ。①生産履歴の記帳、②疾病排除など地域ぐるみの生産性向上の実践、③餌の残留農薬を規制するポジティブリスト制度の順守……の基準を全てクリアした宮崎県産豚肉を銘柄として認証する。一三年には、宮崎牛や完熟マンゴー「太陽のタマゴ」などと同じ、みやざきブランド推進本部の認証ブランドとなった。

第三章 奇跡の連続日本一

いざ長崎

緊張からか、ほおをやや赤く染めた一七歳の少年は、自分の親や祖父母と変わらない年代のベテラン農家たちの間を縫って前に進み出ると、すっと右手を掲げた。「復興に向かって一歩ずつ前進していることを全国に証明するため、日本一を取ります」。はにかんだ初々しい表情で、一言一言かみしめるように宣誓した。

宮崎県西部の山麓にある小林市の小林地域家畜市場で二〇一二年十月二十四日午前、長崎県佐世保市・ハウステンボスでの開幕を翌日に控えた第一〇回全国和牛能力共進会の宮崎県代表団出発式が催された。家畜市場に競り市でも品評会でもない日に約二〇〇人が集まるというのは異例のことだ。少年の名は岩下信也。宮崎県最南端にある串間《くしま》市の和牛繁殖農家で中学まで過ごした後、親元を離れ、串間市から八〇㎞ほど北にある児湯《こゆ》郡高鍋《たかなべ》町の県立高鍋農業高校で寮生活を送る畜産科の二年生。代表団の最年少で、ただ一人の高校生だ。全国和牛能力共進会では父信《まこと》の狙い通りに育った雌牛「つみえ221」の引き手を務める。岩下ら代表メンバー一〇〇人は、左胸に「復興　前進　感謝　宮崎牛」と刺しゅうの入った、そろいの白地のユニホーム姿。式の締めくくりに「頑張ろう」と気勢を上げると、盛大な見送りに誰もが照れたような笑顔をのぞかせなが

出発式で出品農家を代表し「日本一を取る」と力強く宣誓した岩下信也＝2012 年 10 月 24 日、小林市・小林地域家畜市場

ら、待機していたバスに乗り込む。代表牛を載せたトラックなど七台を連ね、一路長崎を目指した。

全国和牛能力共進会、略して「全共」は和牛の繁殖能力や肉質の向上などを目的に、全国和牛登録協会が一九六六（昭和四一）年に創設した。当初は四〜七年おき、現在は五年に一度開催され、「和牛のオリンピック」とも呼ばれる国内畜産界最高峰の共進会のひとつだ。宮崎県は前回大会、種牛《しゅぎゅう》、肉牛《にくぎゅう》の両部門で最高賞の内閣総理大臣賞を独占したのをはじめ、性別や月齢などで細分化された全九区分（1〜6区は種牛、7区が種牛と肉牛の混成、8、9区が肉牛部門）のうち七区分で優等首席という圧巻の成績を残している。

今回の開催地・長崎までは同じ九州とはいえ、九州自動車道を熊本経由で北上し、約四時間を要する長い道のり。岩下はバスに揺られながら、明日のことさえ見えなかった二年前の四カ月間を思い返していた――。

父の信は繁殖農家となって約三〇年。約九〇頭を飼育し規模の大きな部類に入る。岩下が牛にのめり込むようになったきっかけは小学校三年のときに父から言われた一言だった。「お前の牛だ。一人でやってみろ」。子牛一頭の管理を任され、父の見よう見まねで懸命に餌やりなどをした。半年後の南那《みなみな》珂《か》地域（日南《にちなん》、串間市）の子牛品評会でいきなり優等二席に輝く。人の手一つで、打てば響くように体格や気性までが変わっていく牛を世話する面白さに目覚め、とりこになった。学校から帰宅すると、家の玄関より先に牛舎に駆け込むのが常。休日はその大半を牛舎で過ごし、牛を運動させ、飽きることなく大きく丸い体をはけでなでた。牛を掛け替えのない家族の一員と感じながら育ったといっていい。優秀な牛をつくるためには血統を知っておく必要がある。小学校を卒業するまでに、南那珂地域で生まれた優良牛の系譜を頭にたたき込んだ。ときには串間市と県境を接する鹿児島県であった子牛競り市の名簿も取り寄せ、内外にその名を響かせる種雄牛《しゅゆうぎゅう》（種牛）の血筋をたどった。ベテラン農家らの見立てで種付けされ、優秀な種雄牛と繁殖雌牛の血と血が混ざり合ってほれぼれとする牛が生まれるのにロマンを感じた。

「父の後を継ぐ」。県央部の児湯・西都《さいと》地域で口蹄疫の一例目が確認されたのは、そんな決意が揺るぎないものになっていた二〇一〇年四月のことだった。感染は瞬く間に広がっていった。岩下も来る日も来る日も牛舎の消毒に明け暮れ、あとは牛が熱中症にならないように水を掛けて回ることぐらいしかできなかった。多発エリアとは車で二時間以上離れているとはいえ、ウイルスは目に見えず、いつ侵入してくるか分からない。「もし殺処分されたら……」。家族同然の牛たちに降りかかるかもしれない最悪の事態が何度も頭をよぎり、そのたびに身が引き裂かれる思いがした。終息まで息をひそめるようにして過ごした長い四カ月を耐え、再開した子牛競り市にまず四頭を無事に送り出したときは、それまでの体のこわばりがじわーっと解けるような感覚に陥った。

終息翌年の春に入学した高鍋農業高校は口蹄疫被害が集中した児湯・西都地域にある。畜産科で飼育していた牛豚三三四頭も全頭が殺処分されていた。実家で大切に育てられたつみえ２２１の全共出場が決まり、引き手に指名されたのは、学校で家畜の再導入が進み、口蹄疫のショックが癒えつつあったころだった。岩下は口蹄疫からの復興が試される全共に向かうバスに自分が乗り合わせている不思議な巡り合わせをかみしめた。

れんが積みのあか抜けした洋館が建ち並ぶハウステンボスが車窓に飛び込んできた。和牛には不釣り合いな光景を見つめながら、岩下は思った。二年前の試練を思えば失うものは何もない。つみえ２２１は骨締まりに秀でているのが何よりの特長で、健康で高品質、肉付きのいい子牛を産み続ける繁殖雌牛として必ず評価され、トップを取れる――。その確信にも似た予感は的中、父子の魂がこもった一頭は4区（系統雌牛群、一四カ月以上の四頭一組）の優等首席の栄誉に浴し、宮崎県勢に再びの頂点を引き寄せることになる。出発式での宣誓を有言実行する形となった。

口蹄疫前に購入したつみえ221。岩下が必死の消毒を繰り返した牛舎の中にいた一頭だった。

口蹄疫のハンディ

口蹄疫後初めて迎える全国和牛能力共進会・長崎大会は、宮崎県勢にとって連続日本一にチャレンジする場以上の重みを帯びていた。

全共で勝てるかどうかは改良の成果や肥育技術の継承など蓄積がものをいう。そんな蓄積の粋を集めた県有種雄牛五〇頭をはじめ、約七万頭もの牛（乳牛や交雑種牛も含む）が殺処分されたダメージは、長崎全共を戦ううえでとてつもなく大きかった。しかも全共ははっきりと優劣がつく。もし無残な結果に終われば「和牛産地として宮崎は厳しい」とのシビアな評判が全国に即広がる。畜産県宮崎の沽券《こけん》に関わり、復興ムードに水を差すことになりかねない。何が何でもハンディをはね返し、勝利を収めることが求められた。

口蹄疫の終息から長崎全共までは二年余りの猶予があったが、それでも口蹄疫は全共に挑む宮崎牛と出品農家の手足を最後まで縛り続けた。

例えば、二〇一〇年四月の発生直後、感染拡大を防止するためにとられた家畜の移動・搬出制限。発生農場からそれぞれ半径一〇、二〇㎞の円にいる家畜の農場間の移動はもとより、物品の区域外への持ち出しも禁止する厳しい措置で、宮崎県全域の農家に有形無形の不自由を強いた。農場間を行き来する獣医師の往診なども宮崎県庁からの自粛要請で制限がかかった。人を介してウイルスが運ばれる恐れがあったためだ。体調不良の牛がいても、おいそれと農場に近づくことすらできなくなった。人工授精師も同様。まず種付けをして子牛を産ませ、一年近く世話をし出荷して初めて収入を得る繁殖農家にとって、人工授精の自粛は和牛繁殖のサイクルがぷっつり断ち切られることを意味した。現場に四カ月続いた混乱、異常事態は地域経済の停滞を招いただけでなく、全共にも大きく響くことになる。

全共で九つある区分で影響を受けなかったのは皆無だったが、明らかに不利になったのが、生後一七〜二〇カ月未満の若い雌牛で争う種牛の部・3区。出場条件は一一年二月二十六日〜五月二十五日に生まれた子牛で、人工授精の空白期を経て宮崎県内で種付けが再開され、再び子牛が産声を上げ始めたのは五月以降。つまり全共のときには一七カ月にしかならない。平均体重で比較すると、一九カ月との体重差は約三〇kg。農家は当然、その差を少しでも縮めるべく努力をするが、体格面の劣勢はどれだけの技術をもってしても、並大抵のことでは埋まらない。加えて、宮崎県家畜改良事業団（高鍋町）が一元管理する県有種雄牛が、エース級五頭を除き全て殺処分されたことも重くのしかかった。子牛の能力に深く関わる父牛のバリエーションが圧倒的に少なくなり、3区だけでなく、さらに若い生後一四〜一七カ月未満の雌で競い合う種牛の部・2区も、殺処分が実行された時点で厳しい戦いが宿命付けられたようなものだった。

後に宮崎県内七地域で行なわれた地域代表牛決定検査会（一次選考）を突破、県代表牛決定検査会（最終選考）進出を果たした2、3区の種牛二三頭の父をみると、上位三頭は「美穂国《みほのくに》」八頭、「勝平正《かつひらまさ》」六頭、殺処分された「忠富士《ただふじ》」が四頭と、殺処分された種雄牛は精液ストローがあっても在庫に限りがあるため、生き延びた種雄牛に偏った。美穂国は体型が整いやすい一方、勝平正は忠富士と同様、肉質・肉量、発育の良さが持ち味だが、外見の評価があまり上積みできないという不安要素を抱えていた。口蹄疫が多発した児湯・西都地域の川南《かわみなみ》、都農《つの》両町を管轄するJA尾鈴の畜産部長・松浦寿勝は、上位を独占した鳥取全共で父牛に見栄えの良さを子に伝える「上茂福《かみしげふく》」「糸北国《いときたぐに》」などが名を連ねていたことを挙げながら「よく太る、経済性の高い種雄牛の殺処分が惜しまれた陰で、全共に強い牛をつくる種雄牛も失われた。層が薄い今回は、仕上げる農家の腕の良しあしが鍵になる」と覚悟していた。

覆水盆に返らずだが、長崎全共で宮崎に連覇をもたらすエース種雄牛と目されていたのが、やはり口蹄疫で殺処分された「奥日向《おくひゅうが》」だった。島根県の名牛の流れをくむ「糸桜《いとざくら》」系の特長である深み（背中から腹までの長さ）や体積の豊かさを併せ持ち、鳥取全共・種牛の部1区（若雄、生後一五〜二三カ月未満）では月齢一六カ月という若さに似合わぬ落ち着きぶりで優等三席に輝いていた。

その非凡さがデータではっきりと裏打ちされたのは殺処分から半年後。奥日向の子たちの肥育成績が出そろい、一〜一二段階で評価される脂肪交雑基準（BMS）で宮崎県歴代最高の平均7・6をたたき出した。生きていれば、精液ストローの本格的な採取・供給に文句なしのゴーサインが出ているばかりか、和牛産地としての宮崎をさらなる高みに導いていたはずだった。奥日向の造成に関わり、深い喪失感から少しずつ解放されつつあった宮崎県家畜改良事業団などの関係者はなくしたものの大きさにあらためて目を見張り、再びやり切れなさを味わうことになる。事業団常務理事の川田洋一は「体型、肉質、飼いやすさの三拍子がそろい、歴史に名を残すはずの牛だった」と悔やんだ。

一次選考が行なわれた七地域別に見ると、感染が集中した児湯・西都地域（西都市、児湯郡都農、川南、高鍋、新富《しんとみ》、木城《きじょう》町、西米良《にしめら》村の一市五町一村）は一部を除いて壊滅的な被害から立ち直れていなかった。優秀な牛を輩出してきた宮崎有数の畜産地帯ながら、長崎全共が開催される一二年に入っても、口蹄疫で殺処分された農家で再開したのはようやく六割に届こうかという心もとない状況にあった。この地域に限らず全県的な傾向だが、とりわけ繁殖は夫婦や家族など小規模経営が主流ゆえに高齢化が著しく、「気持ちはあっても、あと何年続けられるか分からず、継いでくれる者もいない。新たに資金を調達して一から出直す気力が持てない」というのが二の足を踏む農家の偽らざる気持ち。牛で生計を立てる暮らしに戻りたくても、そう遠くない将来に大型家畜が手に余るときが来るのが分かっているジレンマに陥っている。

一二年七月二日にあった一次選考は、当該地域の深刻な地盤沈下を露呈した。母牛などが対象となる4〜6区は、その段階にあった、あるいは差し掛かっていたはずの牛たちが軒並み殺処分されてしまったことで出場はゼロ。2、3区に若雌九頭が出場したのみにとどまり、七地域で最も少なかった。険しい表情で予選を見つめたJA尾鈴畜産部長の松浦は「選抜に苦労した」と漏らし、口蹄疫の爪痕の大きさをかみしめずにはいられなかった。

しかし、非常に限られた頭数しかなかった児湯・西都地域の若雌が、口蹄疫の影響を最も大きく受けた3区で日本一の称号を手にする。長崎大会で全共出場六度目となったベテラン農家の意地とすごみ、松浦が「鍵」として挙げた「腕の確かさ」がなせる業だった。この農家の名前は永友浄《しずか》＝都農町。神懸かりという言葉がふさわしく、長崎全共の一つのクライマックスともなったこのドラマについては後段で詳しく述べたい。

一次選考スタート

キャリア六〇年の和牛繁殖農家、緒方利猛＝宮崎市＝は通い慣れた地元のＪＡ宮崎中央家畜市場で、いつもと変わらない好々爺然とした笑みを浮かべていた。ＪＡ宮崎中央家畜市場は県都・宮崎市の中央部を東西に流れ、日向灘に注ぐ一級河川・大淀川の右岸にある。二〇一二年六月六日、夏を先取りしたような強い日差しが照り付ける家畜市場に詰め掛けたのは二〇〇人余り。全国和牛能力共進会長崎大会まであと五カ月に迫る中、県内七地域のトップを切って宮崎中央地域（宮崎市、東諸県郡《ひがしもろかた》綾《あや》、国富《くにとみ》町）の地域代表牛決定検査会（一次選考）が開かれていた。

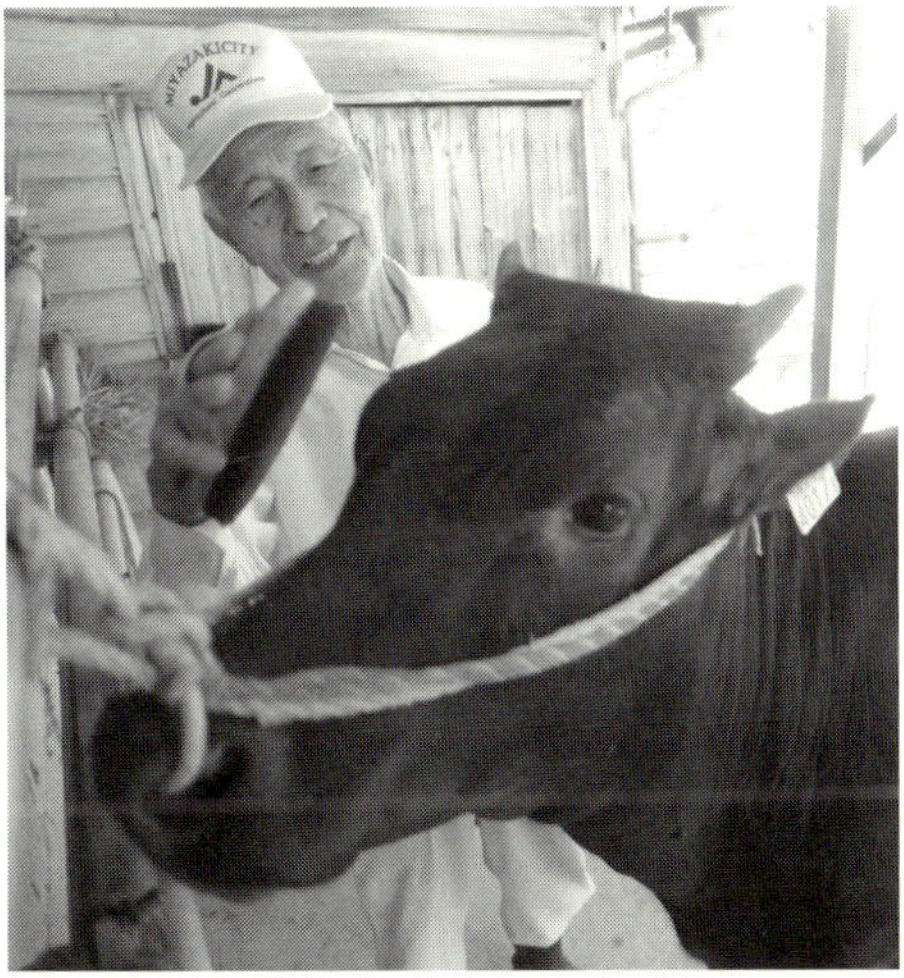

妻のセツが残した「みこ」をいとおしそうにブラッシングする緒方利猛＝宮崎市

　緒方は前回〇七年鳥取大会の種牛の部で、三回以上出産した繁殖雌牛四頭一組で競う〝団体戦〟の5区で優等首席を獲得している。あれから五年。今回は同じ種牛でも単品区の2区（若雌、一四〜一七カ月未満）で二大会連続の首席を狙う。審査が始まるまでの時間、かいがいしくパートナーの「みこ」をブラッシングし、蹄《ひづめ》を磨いて見栄えを整える。しかし競り市や品評会などでいつも隣にいた妻セツはいない。みこの晴れ姿を誰よりも楽しみにしていたセツは、一カ月前に八〇歳で他界。

この日の朝、緒方は出品者の欄に万感の思いを込めて「緒方セツ」と記し、二人で向かうはずだった会場に一人で足を運んだ。

全共は大きく種牛と肉牛部門の二つに分けられる。種牛の部の宮崎県代表となるにはまず、七地域に分かれた一次選考を勝ち上がり、八月末の県代表牛決定検査会（最終選考）を突破しなければならない。最終選考は7～9区の肉牛候補の審査も併せて行ない、県代表となる種牛一九頭、肉牛八頭が決まる仕組みだ。これに高鍋町の宮崎県家畜改良事業団で選抜された若雄一頭（1区・種雄牛候補）を加えた計二八頭の精鋭が全共長崎大会に進むことになる。

産地復興を全国に発信する旗印となる牛はいるのか――。管内の一市二町から種牛の部2～7区に出品されたのは、緒方のみこを含めて延べ二八頭。緒方とともに鳥取全共・5区で優等首席に輝いたチームメート渡部利明＝宮崎市田野《たの》町＝も今回は心機一転、〝個人戦〟の3区（若雌、一七～二〇カ月未満）で再びの代表入りに意欲を燃やしていた。前述したように口蹄疫による人工授精の自粛で月齢の若い牛しかいないため、全国と戦ううえでは体格面で大きなハンディを背負う区分だ。妻栄子は「五年前の感動は忘れられない。できることならもう一度あの舞台に立ってほしい」と祈りながら、客席から夫の姿を目で追う。鳥取で渡部夫婦と歓喜を分かち合った緒方とセツにとっても、全共で表彰台の一番高いところに立てたことは、八〇年生きてきた中で最も華々しい瞬間のひとつだった。緒方は県代表牛の切符、そして二大会連続の首席を天国の妻に届けるのが一番の供養と肝に銘じ、セツを亡くしてからの一カ月、自分を奮い立たせてきた。むしろ、悲しみのどん底にあっても牛舎に通い続けることができたのは、妻の忘れ形見みこがいたからというのが正確かもしれない。みこと長崎全共は、緒方の生きる支えになっていた。

緒方夫婦は牛舎にいる間、そばで見ている者が感心するほど、物言わぬ牛たちにずっと言葉を掛け続けることで知られていた。優しく名前を呼びながら体をなで、暴れるなどしたときには厳しく叱る。硬軟自在で、代表牛選びの陣頭指揮を執る全国和牛登録協会宮崎県支部業務部長の長友明博に「どんなに気性が荒い牛も、緒方家に預けるとおとなしくなる」と言わしめるほど。夫婦は関わってきた牛一頭一頭と確かな信頼関係を築く繁殖農家の鏡であり、付き合いのある子や孫のような後輩の農家は二人に一目置き、誰もが鳥取全共での優等首席をわがことのように喜んだ。

そんな緒方とセツの勤勉さの結晶ともいえる若雌のみこはこのとき、月齢一〇カ月。三カ月前の競りで、その立ち姿にほれ込んだセツが貯金を切り崩して購入した。四頭のそろいが問われる5区から今回一頭勝負の2区にくら替えしたのは、「二人の力だけで挑戦したかったから」と緒方は言う。小さな牛舎で半世紀以上にわたって幾多の命をともに育み、そろって八〇代となった夫婦は零細だが実直に、牛本位の飼育を心掛けてきた。和牛界最高峰の共進会のひとつに数えられる全共は、二人三脚で歩んできたこれまでにひとつの答えを出してくれる、これ以上ない舞台となる。「みーこ、みーこ」。セツは腸の炎症で入院する直前まで、毎朝四時半に起きていとおしげに世話を焼いた。みこと頭と頭をこすりつけて心を通い合わせていた姿が、緒方の脳裏に焼き付いて離れない。妻の最期の言葉は「みーこの餌を準備せんといかん」だった――。

いよいよ審査が始まった。体高や体重などを計測後、審査員数人が一頭一頭を取り囲んで立ち姿や歩き方、引き手との相性などをじっくり観察する。

ここで種牛の主な審査ポイントについて整理しておきたい。牛を後方から眺めたときに、横にはみ出ている腹の出っ張りのことを「肋腹《ろくふく》」という。ここがふっくらして張りがあるほど胃などの消化器官が発達して餌をよく食べ、よく太るとされる。背中から腹までの縦の長さを指す「深み」は長ければ長いほど産んだ子牛が太りやすく、十分な肉量が期待できる。姿形の美しさも重視される。牛を真横から見て「体上線」(背中のライン)と「体下線」(腹下のライン)とが真っすぐ平行で、また、「毛の色」は黒毛和種らしく黒にわずかに褐色を帯びているのが理想とされる。

これらの基準に照らし合わせながら、審査員は数人がかりで前後左右からくまなく、さまざまな距離を取り、見定めていく。時折牛の背中や腰回りなどを指で押すのは、栄養度と呼ばれる太り具合を確かめるためだ。栄養度が高いとは、皮下脂肪が多いことで、太り過ぎ、つまりは見掛け倒しということになる。ぱっと見がどんなに立派でも、栄養度の高い牛は点数が抑えられてしまい、全国には届かない。

この日2区に出たのは五頭。みこは月齢が若いわりに深みがあり、小ぶりだが体型が整っているとして最も高い評価を集め、ひとまず第一関門をクリアした。「本当に牛が好きだった家内が最期まで気に掛けていたこの子は大切な形見。ほんの少しでも手を抜いたら、申し訳が立たない」。緒方は手綱を握るしわだらけの手を震わせた。

三カ月にわたった宮崎県代表牛の一次選考、最終選考には種牛、肉牛合わせて延べ三二七頭が出場した。出品農家は口蹄疫で負ったダメージをばねに、あるいは県内外から寄せられた復興支援への感謝、殺処分された家畜への鎮魂の思い、緒方のように最愛の人の死など悲しみを胸に長崎を目指した。牛と人の数だけ、全共に情熱を傾ける理由があった。

熾烈な戦い

宮崎県内を七地域に分け、全国和牛能力共進会長崎大会の種牛代表を絞り込む第一段階、地域代表牛決定検査会（一次選考）は、八〇歳を超える繁殖農家・緒方利猛のような大ベテランから、下はまだ一〇代の農業高校生まで、種牛づくりに日夜情熱を傾けるさまざまな年齢、経験、立場の者が一発勝負で争う。県レベルの品評会や共進会もそうだが、問われるのは目の前にいる牛の出来不出来のみ。過去の実績は関係ない。肉牛の審査も加わる県代表牛決定検査会（最終選考）に移っても同じだ。すでに全共日本一に輝いている宮崎県には、小さな山村にもその道のプロが見れば思わず息をのむようなポテンシャル（潜在能力）を秘めた牛と、そのベストな状態を引き出せる農家があまたいる。前回二〇〇七年鳥取大会の5区（繁殖雌牛群、三回以上出産している四頭一組）で優等首席となった緒方も今回、一次選考は突破したものの続く最終選考で涙をのむことになる。連続出場はかように難しい。

そんな厳しい予選を毎回当たり前のように勝ち上がり、親子二代通算の全共出場回数としては宮崎県内最多の六度を数える名物父子が今回もエントリーした。県西部の西諸《にしもろかた》県地域に位置する小林市の繁殖農家・山田福治と長男の真司だ。父の福治は宮崎県勢が本格参戦した一九七〇（昭和四五）年の第二回鹿児島大会を皮切りに三大会連続で全国の舞台を踏み、優等二席を二度受賞。父の背を追った真司も九七年岩手大会から連続出場中で、前回鳥取大会は種牛・肉牛の混成部門である7区（総合評価群、七頭一組＝種牛四、肉牛三）で福治もなし得なかった優等首席の一員に名を連ねた。親子鷹は出場回数だけでなく、結果も申し分ないものを確実に積み上げてきた。

二〇一二年六月十四日、宮崎中央地域に続いて県内二番目に開催された西諸県地域（小林、えびの市、西諸県郡高原町《たかはる》）一次選考に、二人が2区（若雌、一四〜一七カ月未満）に満を持して送り出したのが「やましん553」。鳥取大会の優等首席牛「ふくひめ」の娘牛だ。山田家のように、その家々で血統を紡いできた母牛にこれぞという種雄牛を掛け合わせ、その娘、孫牛も含めた一〇年、二〇年の長いスパンで究極の牛を追い求めていくのが和牛繁殖の醍醐味。市場で購入した子牛より、思い入れもその分だけ深くなる。ただ、五年に一度の全共を見越して考え得る最善の種付けをしても、親の優れた資質以上のものを発現する子牛もいれば、想定通りに育たない子牛もいる。そもそも生まれてくる雌雄の別も思いのままにはならない。出品常連農家は約三〇〇日の妊娠期間がつつがなく終わるのを祈るように待ち、雌雄の賭けに勝ったうえで、パーフェクトな状態に近づけていかねばならない。山田父子もそんないくつものハードルを一つひとつ乗り越え、出場回数を伸ばしてきた。足かけ五〇年に及ぶ二人の探求心のたまものともいえるやましん553は下馬評通り一次選考を通過した。

翌十五日に一次選考が開かれたのが宮崎県北端にある西臼杵《にしうすき》地域（西臼杵郡高千穂、五ケ瀬《ごかせ》、日之影《ひのかげ》町）。会場となった高千穂町は「和牛の里」として全国に知られる。前回鳥取大会ではこの地で育った種牛たちが2、3、4区の計三区分の県代表牛六頭を占め、優等首席二つと三席一つを獲得。なかでも4区（系統雌牛群、一四カ月以上の四頭一組）は種牛部、肉牛部の首席の中からそれぞれ一区分ずつ選ばれる最高賞の内閣総理大臣賞を射止めている。三町の人口は合わせて二万人余りで県全体の二%にも満たないが、この日の一次選考には県内七地域で最多となる四二頭（延べ）が集結した。口蹄疫の発生がなく、直接的な被害がなかったこともあるが、和牛に人生を懸ける農家がいかに多いかの表れだ。

独特の土地柄もある。西臼杵地域は平地に乏しく、急斜面に住宅や田畑が点在、険しい山里の農林業や暮らしを古くから支えてきたのが牛だった。トラクターなどの農業機械が小型、軽量化され、広く使われるようになった今でこそ牛が種々の作業に駆り出される場面を見る機会はほとんどないが、田畑を耕したり、大きな荷物を運んだり、役用として欠かせない存在だった。土地や家と同様、大切な財産でもあり、子どもの進学、結婚時に売却して必要な費用を賄うなど、現金収入に乏しい山あいの農家にとって貴重な収入源にもなった。牛が生活に溶け込んだ地域といえる。腰の曲がった年配の農家が早朝から長時間立ち見で審査を見守る傍らで、ＪＡ高千穂地区畜産部長の佐藤高則は「出品に至らなくても、とにかくいい牛を見たい、自分たちの代表をじかに確かめたいという気持ちが強い人が多い。前回の日本一を経て農家間の競争意識がますます強まった印象を受ける」と手応えを得ていた。

家族や仲間、地域のさまざまな思いが交錯した一次選考で、関係者の誰もが強い関心を寄せていたのが、口蹄疫被害の集中した児湯・西都地域だった。家畜のほぼ全頭が殺処分されて二年と少し。出場頭数こそ若雌九頭のみで数は少なかったが、管内の畜産関係者を勇気づける明るい話題もあった。二〇〇七年宮崎県畜産共進会・肉用種種牛の部で高校勢としては初のグランドチャンピオンに輝いた「みねこひめ３」を筆頭に牛や豚三三四頭を失った高鍋町・県立高鍋農業高校畜産科が、キャリアの豊富な農家に交じって県内高校で唯一出品を果たした。しかも二頭。口蹄疫当時の記憶も鮮明な肉用牛担当教諭の横田雅人は、「うめちゃん」「第1さだはな」（いずれも2区）の引き手を務めた三年岡部剛人《たけひと》、森田健太郎が堂々と牛を操る姿に、「学校が着実に再起に向けて前に進んでいる」という思いを強くし、胸が熱くなった。

高鍋農業高校にとって全共予選は一次選考で落選した前回に続き、二度目の挑戦となる。二頭は二カ月前に導入、三年生四人、二年生一人が中心となって手厚い世話を続けてきた。「『新生農高』を見せて、後輩に誇れるものを残したい」。岡部たちはそんな使命感と自覚に駆り立てられ、毎日の運動はも

「うめちゃん」「第１さだはな」の引き運動をする県立高鍋農業高校の生徒たち＝高鍋町

ちろん、毎晩交代で牛舎の見回りをし、土日も欠かさず朝夕二頭の体を洗った。飼育日誌を付け、全員で状態をきめ細かに把握してきた。

会場でひときわ人々の目を引くフレッシュな農高生たちに誰よりも感情移入し、その一挙手一投足を見逃すまいと、客席に座っていたのが岡部の祖父・一男＝高鍋町＝だった。口蹄疫の感染拡大を食い止めるため一〇年五月、ワクチン接種を受け入れ、断腸の思いで四〇頭の命を諦めた。接種の日、怖がって逃げる子牛を必死で捕まえた。妻は家から出ることなく、牛の鳴き声が耳に入らぬようテレビの音量を上げ、涙を流しながら掃除機をかけ続けた。宮崎県共進会でグランドチャンピオンに輝いたこともある一男の心を折るには十分過ぎる出来事だった。「いい潮時かもしれない」。七〇歳を目前にし、一時はそう思いつめた一男にとって、経営再開に踏み切らせてくれたのが孫の岡部だった。「跡を継ぐと言ってくれた。だから今も頑張れている」

二時間半ほどの審査を経て、第1さだはなを含む計五頭が地域代表に決定。高鍋農業高校にとって初の一次選考突破だ。担当したうめちゃんの名を呼ばれることのなかった岡部は悔しさをかみしめていたが、一男の顔は晴れやかだった。「孫は進学を希望している。孫が就農するまでのあと数年を踏ん張る元気をもらえた。いいものを見せてもらった」と背筋を伸ばした。

約一カ月かけて県内七地域で行なわれた一次選考は七月二日の児湯・西都地域をもって終了。種牛部門の2〜7区に出場した延べ一五九頭（1区は宮崎県家畜改良事業団＝高鍋町＝が独自に選抜）のうち、延べ九九頭が最終選考へと駒を進めた。

県代表牛二八頭決まる

二日間にわたった宮崎県代表牛決定検査会（最終選考）は二〇一二年八月二十七日に最終日を迎えていた。会場となったのは、北で熊本県、南で鹿児島県と境を接する宮崎県小林市にある小林地域家畜市場。審査場を取り囲むスタンドを、県内七地域で行なわれた一次選考も含めて最多となる一六〇〇人が埋めた。「今回が最後」。会場の熱気と興奮とは裏腹に、口蹄疫の激震地の一つとなった都農町で和牛繁殖を営む永友浄は、そう心に決めていた。一九九七年全国和牛能力共進会岩手大会・種牛の部・旧4区（若雌、一四〜一七カ月未満）で優等首席の誉れを受けるなど国内屈指の実力者だが、県予選の何カ月も前から出品予定牛に付きっきりになり、県代表となれば下手な成績は許されないプレッシャーを常に身にまとい、心身ともにくたくたになる過酷さは身にしみている。六〇代後半となり、肉体的にも限界が近い。それでも戦わねばならない理由があった。

永友は亡き孫娘の写真をお守り代わりにポケットにしのばせ、会場入りしていた。

バレーボールが大好きだった茜が一一歳で急逝したのは、前回の鳥取全共を半年後に控えた二〇〇七年春。「じいちゃん、トロフィー取ってね」。そう約束を交わした矢先のことだった。沈みきった心のまま臨んだ本大会では2区（若雌、一四～一七カ月未満）で優等二席を獲得。頂点を極めた岩手全共の表彰台でも祝福に淡々と応えるのみだった永友が、てっぺんには届かなかったが孫が望んでいたトロフィーを抱えた瞬間、悔しさとも喜びともつかない感情がこみ上げ、不覚にも涙をこらえることができなかった。

二年半後、さらなる悲劇が追い打ちをかける。都農町やその南の川南町の家畜たちを瞬く間にのみ込んだ口蹄疫に、五〇年以上続けてきた畜産農家としての矜持《きょうじ》は粉々にされた。殺処分された三九頭の中には、一生忘れることはないだろう鳥取全共の優等二席、「あけみ55」もいた。経営は再開したが、胸にぽっかり穴が開き、牛の優劣を競う共進会や全共で勝つことに意味を見いだせなくなった。自宅の居間にびっしり並ぶトロフィーを眺めても気持ちがぴくりとも動かない。心が疲れきっていた。

永友浄の自宅に飾られた数々の受賞牛の写真＝都農町

再び闘志に火を付けてくれたのも、やはり孫娘だった。長崎全共が開かれる一二年、元旦。一枚の年賀状が届く。「長崎は茜との約束の場所」。覇気をなくし別人のようになった永友へ、永友の長男で茜の父泉が短くも、精いっぱいのエールを込めたメッセージに、「一番立派なトロフィーを茜に見せんと、俺は終われん」と思えた。年明け早々、全精力を注ぎ込める牛を求めて旧知の農協技術員と手分けし、県内の競り市を駆けずり回った。そうして2区に「もも」、3区（若雌、一七～二〇カ月未満）に「ただふく6の2」の二頭を仕立て、一年前には考えることすらできなかった全共の県最終選考のステージに立った。「この五年、苦しい思いをした。でも、周りを見渡せば口蹄疫からの復興が思うように進んでいない現実がある。条件は厳しいが、誰かが起爆剤にならんといかん。若い者に希望を持たせたい」。家族に支えられ、地域の期待を背負ってよみがえった永友は、ただふく6の2で3区県代表牛二頭のうちの一角を勝ち取る。

永友とともに前回鳥取全共に出場した今村鉄男＝小林市＝も、別のトラウマ（心的外傷）に長く苦しんできた。

「二席、宮崎県」。鳥取全共のメーン会場となった鳥取県米子市・崎津団地で、今村が挑んだ6区（高等登録群、三頭一組）の結果がアナウンスされた直後、大観衆から送られた拍手も、ねぎらいの声も、今村の耳には入ってこなかった。笑顔をつくることもためらわれた。というのも鳥取では宮崎県勢が種牛、肉牛両部門の最高賞・内閣総理大臣賞の二つを独占。区分別では永友が二席だった2区は、もう一頭の宮崎県代表牛が首席でワンツーフィニッシュを飾っており、結局今村の6区と、宮崎県が出品主体となる1区（若雄、一五〜二三カ月未満）だけが全国一位を逃した。

そもそも母娘孫の直系三代の繁殖雌牛をセットで出す6区は、長らく宮崎県が苦戦してきた区分だ。前々回の岐阜大会は和牛産地としての高い総合力をもってしても、全国と戦えるだけの三頭をそろえられず、エントリー自体を見送っている。今村の二席も6区としては県勢の過去最高成績だった。しかし何の達成感もなかった。九区分中、史上最多の七区分で首席――。「鳥取全共のニュースや祝勝会で必ず出てくるそのフレーズに、ずっと責められている気がした」

職人かたぎで共進会や品評会が近づくと、脇目もふらずに牛のことだけにのめり込み、悔しさ、責任を一人で背負い込む。そんな今村の肩の力を抜かせたのが、全国和牛登録協会宮崎県支部業務部長の長友明博だった。「自分を追い込めば追い込むほど、余裕がなくなり結果にも響く。周りを見回して一呼吸置く。ちょっとした間を持つ心のゆとりが牛に伝わり、本番でのいいパフォーマンスにつながる。すぐそばに、頼りになる農家仲間も技術員もいるだろう」。しゃかりきになって三頭をそろえた鳥取大会から、長崎に向けては同じ西諸県地域の生産者三人と繁殖雌牛四頭で競う団体戦の5区に転向、この日の最終選考で代表切符をつかむ。「刺激し合い、協力し合ってここまでこれた。四頭ともいい牛になった」。仲間とひとつのチームを築き上げてきた一体感が鳥取の屈辱を和らげ、今村を変えた。

約七万頭もの殺処分、四カ月続いた人工授精の自粛、五五頭から一気に一〇分の一以下になった県有種雄牛……。未曾有の口蹄疫被害で、一次選考前は複数区分での出場断念も覚悟されたが、ふたを開けてみれば、どの区分もハイレベルの競り合いの末、県代表のピースが一つひとつ埋まっていった。2区はいずれも初出品となる三〇代の若手農家と七〇代夫婦が、前回優等首席牛の娘牛「やましん553」を擁した山田福治・真司＝小林市＝の親子二代七度目の全共出場を阻み、家畜伝染病の猛威にさらされた宮崎牛の血脈が停滞、衰退することなく、しっかりと新陳代謝、進化を遂げていることを示した。4区（系統雌牛群、一四カ月以上の四頭一組）も見応えある勝負となった。鳥取全共で内閣総理大臣賞を受賞、今回も万全の構えだった西臼杵チームを、種牛部門に過去一度も県代表を出したことがない南那珂チームが上回った。鳥取全共から五年間、地域の農協技術員らが県内先進地を訪ねて教えを請い、さまざまなノウハウを吸収して力を蓄えた成果であり、産地として宮崎県全体の底上げが図られたことにほかならない。それが証拠に、前回覇者の宮崎を徹底マークし、代表牛二八頭決定の経過を偵察に来ていた他県の関係者からは「あした、全共があれば宮崎が勝つ」とのささやきも聞かれた。その感触は正しく、本番の長崎大会で全共初出場組の2、4区とも優等首席をつかみ取る。

敗者もすがすがしかった。県予選に一陣の風を吹き込んだ県立高鍋農業高校は口蹄疫を乗り越え、第1さだはな（2区）で初の最終選考に駒を進めたが、本職農家のプライド、熟練の技に跳ね返され、長崎行きはならなかった。その悔しさは、卒業後の就農を見据える生徒たちの発奮材料となった。

閉会式で代表宣誓をしたのも、やはり口蹄疫で肥育牛一九八頭を涙で見送った黒木輝也＝西都市＝だった。牛舎が空っぽになって一年近く無為の日々を過ごしたが、再スタートから一年余りで種牛・肉牛の混成部7区（総合評価群、七頭一組＝種牛四、肉牛三）の肉牛の一枠に滑り込んだ。「失われた尊い家畜の命は決して忘れない。そして、前進している証しとして全ての出品区で日本一を奪いにいく」。力強い言葉で約三カ月に及んだ宮崎県予選を締めくくった。

口蹄疫からの復興のバロメーターとなる全共長崎大会。県代表牛二八頭が出そろったこの日は、神の計らいか、くしくも口蹄疫の終息宣言がなされた二〇一〇年八月二十七日からちょうど丸二年の節目となった。激戦の予選を勝ち抜いた者も、落選しライバルに夢を託す者も、誰もが口にしなくても二年前を思い起こした。自然と身が引き締まる船出となった。

挑戦者たち（上）

第一〇回全国和牛能力共進会の宮崎県代表牛は県内七地域中六地域から選抜され、宮崎県の総力を挙げて口蹄疫からの復興を期す布陣となった。出品農家二三人の内訳をみると、二〇～四〇代の若手が三分の一の八人を占めるなど、和牛産地・宮崎のこれからを背負って立つ伸び盛りの人材が台頭。県代表牛決定検査会（最終選考）では一部に波乱はあったが、複数回の出場経験がある歴戦の農家も順当勝ちし、生きの良さと重厚さで他県にひけを取らないチームが出来上がった。ここからはそんなメンバーたちの一部を紹介していきたい。

同じ種雄牛を父に持つ種牛、肉牛七頭セットで評価される7区に、肉牛「美穂正《みほまさ》」で初の全共代表入りを果たした黒木輝也。九州山地を西に望む西都市茶臼原《ちゃうすばる》で四〇年近く肥育を営んできた黒木も口蹄疫に翻弄《ほんろう》された一人。見慣れた田園風景が一変したのは二〇一〇年五月二十日のことだった。口蹄疫発生後、気持ちを張りつめながら毎朝牛舎を逐一チェックするようになって一カ月近くが過ぎたこの日、一頭の前で足が止まった。前夜に入れた餌がほとんど減っていない。熱は四一度。牛舎は、すでに口蹄疫が発生、猛威を振るっていた高鍋、新富町との境にある。「うちにも来たか」。受け入れがたい現実に覚悟を決め、家畜保健衛生所に電話を入れた。

一九八頭の埋却が終わると、せきを切ったように涙があふれた。丹精した牛を守りきれなかったこともそうだが、何にも増してショックだったのは西都市で感染一例目となったこと。終息直前にあった地元の畜魂祭に足を運んだが、「皆から見られている気がして」逃げ帰るように会場を出た。自責の念に押しつぶされそうな日々が続いた。

黒木の牛舎から三〇〇mほどの距離に肥育農場を構える大﨑貞伸は黒木を「師匠」と仰いできた。大﨑の枝肉の成績が伸び悩めば、黒木は「一から教えるが」と企業秘密である餌の配合まで包み隠さずレクチャーしてくれた。大﨑が埋却地を見つけられず途方に暮れていたときには、快く畑を提供してくれた。「農家の会合にも競り市にも輝也さんの姿がない。そのことが歯がゆく、存在の大きさをあらためて感じた」と大﨑。物心つく前からわが子のようにかわいがられてきた若手肥育農家、金丸隆美＝西都市＝もまた黒木に心酔している一人だった。「枝肉の上物率も長年県内トップクラス。地域の目標だった」。復帰を願う大﨑、金丸ら若手農家は競りが終わるたび黒木の家に立ち寄り、軒先で言葉を交わした。「いい牛が買えたよ」「早く牛を買わんと焼酎が一緒に飲めんがね」。軽口をたたきながら、根気強く。それは、牛が再び導入される一一年三月まで続いた。「若い子が引っ張ってくれたからここに立てた。一人じゃ始められんかった」。7区代表を勝ち取った直後、黒木が真っ先に口にしたのは、後輩への感謝の思いだった。

ここで宮崎県の肉牛代表がどのように選抜されるのか、種牛との違いを挙げて説明しておきたい。農家が自家生産、あるいは競りで落札した自前の牛で勝負する種牛部門に対し、肉牛部門は全国和牛登録協会宮崎県支部が全ての候補牛を用意するところが大きく異なる。優秀な雌牛を持つ繁殖農家にどの種雄牛を掛け合わせるか種付けからオーダーし、ある程度育ててもらった後、県予選の数カ月前に農協などが推薦する各地の有力肥育農家に仕上げを任せる流れとなっている。7～9区の三区分で延べ一六六頭に上った候補牛のうち、黒木が預かり、代表牛に押し上げた美穂正は、口蹄疫を生き抜いた県有種雄牛美穂国を父に、やはり西都市で殺処分を免れた数少ない繁殖雌牛の一頭から生まれた。責任感の強さから「西都の多くの農家に迷惑をかけた」と繰り返してきた黒木にとって、地域の復興のともしびともいえる出自で、やる気をこれほど駆り立ててくれる牛はいない。「次に続く自分たちのために、輝也さんに手本を見せてほしい」。以前と同じように牛舎で忙しく立ち回り、名前通りの輝きを取り戻した師匠の姿を、大﨑はまぶしそうに見つめた。

和牛の里・高千穂町の繁殖農家、木下陸夫は痛々しいやけどの痕が残る腕に力を込め手綱を引いた。自宅近くの棚田に設けられた一周五〇ｍほどの運動場。種牛の部6区の県代表となった母の「第3さかえ」（一一歳）を先頭に、娘の「第5さかえ」（五歳）と孫の「第2さかえ」（一歳）の引き運動は最終選考二カ月前からの日課となっていた。ぬかるんだ地面は牛の足腰を鍛えるのにちょうどよく、蹄にも優しいが、八二歳の曲がった腰には少しこたえる。それでも「俺の最初で最後の共進会やき」と張り切る後ろで、次男富久が優しくほほ笑んでいた。

6区は母娘孫三代の改良成果をみる区分。全共本番では娘孫牛二頭の引き手を木下親子が、残る母牛はJA高千穂地区岩戸支所の田上良光が受け持つ。長崎行きが決まってからというもの、親子と過ごす時間が長くなった田上は四半世紀前の出来事を引き合いにしながら「二人ともあきれるほど、根っからの牛好き」と感心したように言う。

和牛繁殖とキュウリの露地栽培で生計を立てていた木下の自宅納屋付近から火が出て、隣接する牛舎を焼いたのは一九八六（昭和六一）年の春。自慢の血統は一夜にして途絶えた。「楽しみな子牛がおってね。無我夢中やったけど、一頭も助けられんかった」。木下は危険を顧みず牛舎に飛び込み、全身に大やけどを負って約三カ月間、生死の境をさまよった。「それでもおやじも俺も、牛飼いは一度も諦めんかった」と富久。火事から一年後、ようやく自宅に

母娘孫３代の牛をそろえ、全共に初出場した木下陸夫、富久親子（左から）＝高千穂町

戻った木下に「もう一度、牛やろうや」と富久が声を掛けると、間を置かずにうなずいた。

その後、経営は富久に引き継がれたが、キュウリ収穫の繁忙期などの朝夕は木下が餌をやり、牛舎の掃除を引き受ける。「世帯主だけ一生懸命やっても駄目。家族で関わらないといい牛はできない」。畜産技術員になって一二年目の田上は、あうんの呼吸で細かいところまで目を届かせ、牛の気持ちに沿い続ける父子に大農場とはまた違う、和牛繁殖のひとつの原点を見る。

雌牛を繁殖用に残すか、売りに出すか、富久は父の直感に絶大な信頼を置いてきた。娘牛第5さかえも、母譲りの深み（背中から腹までの長さ）と体積が後の木下家の牛づくりに生きるとの判断から自家保留され、二〇〇八年の西臼杵地区の共進会で富久七度目となる首席に輝いている。第5さかえ以外の首席も、全てが自家生産だったのは親子の誇りだ。

出品する6区は、母牛が血統や繁殖成績、体型などに優れる「高等登録」指定を受けていることが条件で、「出品にこぎ着けるまでのハードルが最も高い」といわれる。県内広しといえども、一つの農家で三頭をそろえたのは木下家だけだった。富久は「二〇年以上かけて再び築いた血統がどう評価されるか楽しみ。おやじを男にしたいがね」

挑戦者たち（中）

丸刈りの頭に太い腕、眼光鋭く、うわさ通りのこわもて――。実家を継ぐため和牛繁殖の道に入って四カ月の坂元一貴＝えびの市＝は、ずっと話をしてみたかった繁殖農家の森田直也を子牛競り市で偶然見かけた。二〇一一年二月、森田の地元・小林市にある小林地域家畜市場でのことだった。

牛の手入れについて、坂元一貴（左）に事細かに指示する森田直也＝小林市

坂元の一〇歳上の三〇代後半の森田は、二年に一度、雌牛の優劣を競う宮崎県畜産共進会の上位常連。坂元が住むえびの市と森田の小林市は熊本、鹿児島県境にあって隣り合い、ともに和牛生産の盛んな西諸県地域をなす。坂元の耳にも当然その評判は就農前から届いており、雲の上の存在に等しかった。心を落ち着かせ、思い切って近づいた。「あのー。私に、いい牛を選んでもらえませんか」。ぶしつけな一言に「俺が買おうと思っとったあの牛がいいね」と拍子抜けするほど人懐っこい笑顔が返ってきた。

森田は約一年半後の全国和牛能力共進会長崎大会に自身だけでなく、「兄貴」と慕ってくる坂元ら後輩農家も出場に導く。「前回鳥取大会の日本一はすごいと思ったが、自分には関係ない話」という森田が思いがけず全共に照準を合わせることになったのは、駆け出しながら「全共に出てみたい」というスケールの大きな夢を本気で語る坂元に出会ったからだ。

森田が念願のグランドチャンピオンを獲得した一一年十月の宮崎県共進会。坂元も森田に選んでもらった「わかば1」で果敢にチャレンジしたが予選で敗退した。就農からわずか一年では無理もない話だったが、森田は「全国に通用する牛をつくりたい」という真っすぐさで初対面でも臆することなく自分に声を掛けてきた度胸、その意欲を買っていた。「県共進会で上に引っ張ってやれなかった。もし長崎に連れて行くことができれば、今のガッツを持ち続けることができるはず」。折しも長崎全共はその一年後、射程にとらえられる時期に入っていた。

同じ種雄牛を父に持ち、同一地域で育った種牛四頭と、肉牛三頭のセット出品となるチーム戦・7区（総合評価群）の種牛に狙いをつけ、同じ小林市で以前から付き合いのあった中別府秀雪も加えた三人での調整の日々が始まる。中別府も農家歴は一〇年余りで三〇代になったばかり。「これからがある若い二人の肥やしとするために、出るからには日本一を取りにいかねば意味がない」と考えていた森田にとって、出品者全員が本大会でも常に行動を共にする7区の方が、単品区より坂元らをフォローしやすいという算段があった。さらに父牛には口蹄疫による殺処分を回避した県有種雄牛五頭のうちの勝平正、「秀菊安《ひできくやす》」、美穂国の三頭が指定され、県予選を経ていずれかの一頭の子七頭が選ばれることになっていた。「九つある区分の中で最も出品頭数が多い7区で、生き残った種雄牛の子たちが最高賞となれば、宮崎が口蹄疫前と変わらず指折りの和牛産地であることを示す何よりのインパクトになる」。そんなドラマチックな筋書きを描き、美穂国の子で勝負を懸けた。後に肉牛の出品者の一人としてチームメートとなる黒木輝也がやはり美穂国の子美穂正に畜産復興の希望を重ねていたのと通じるものがあった。

森田の見立てで三人が購入した美穂国の子たちは森田が「まりあちゃん」、坂元が「もえ」、中別府が「ももか」。森田は弟分の二人に牛の肌つやなどを基に餌、調教などについてこと細かにアドバイスを送り続けた。母牛は違っても、日を追うごとに三つ子のように姿形が似通っていく三頭。宮崎県予選では、体型にばらつきがないとして三子とも県代表入りをかなえる。出品者のほとんどが三〇年超のベテランで占められていた中、それを勝ち抜いた坂元の就農二年弱というキャリアは出色の短さだった。

7区の候補牛たちに目配りをする傍ら、森田は別の区にもう一頭を仕込んでいた。二〇一二年春の地元競り市で目に留めた雌子牛「みゆき」だ。落札価格は四〇万八〇〇〇円と至って平凡。父はやはり美穂国で血統はいいが、全体の印象は荒削りだった。体積の豊かさに比して、体型のバランスはいまひとつ。でも逆にそこにそそられた。「面白そうやな。この体積があれば、2区（若雌、一四～一七カ月未満）でいけるかもしれん」。その眼力と腕の確かさは県予選で証明される。競り時点でみゆきが足元にも及ばなかった一〇〇万円超の値が付いた牛も抑え、2区代表二枠のうちのひとつをつかむ。7区に続く出場権。宮崎県共進会で実績があるとはいえ、この全共宮崎県予選で複数頭を通したのは全共初出品の森田が唯一だった。

森田は大勢の評価に流されることなく、あくまで牛本位で特長や将来性を見極め、可能性を引き出すことで定評がある。高価な子牛はもともと能力が高いから仕上がりやすい。多くが見過ごすような素材にあえて挑戦し、自他を納得させる牛を追求するような山っ気もまた、その人物像に深みを与えている。みゆきもそんな森田に見いだされ日の目を見た。そして求められれば、坂元や中別府に対してそうであるように、その技術や経験を惜しみなく明かすきっぷの良さもある。周りから「手ごわい敵をつくるだけやがね」とあきれられても「人の成長を喜べるくらい、自分が頑張ってその上に居続ければいい」と意に介さない。人一倍牛と濃密な時間を過ごし、その時々の県共進会などで自分の到達点を確かめつつ、日夜努力を重ねている自負があればこそだ。「早く俺のところまで上がってこい」と年下や同世代の農家の壁になっているさまは「兄貴」と呼ばれるのが一番ぴったりくる。

本大会でもその勢いはとどまることを知らず、森田は坂元と中別府の二人の兄貴分から、宮崎県代表団の若きリーダー格として全国の和牛農家に認められていくことになる。

挑戦者たち（下）

二〇〇七年全国和牛能力共進会鳥取大会で最高賞・内閣総理大臣賞（種牛の部）を手中に収め、一躍名を挙げた林秋廣《あきひろ》＝高千穂町＝は若雌「あいこ2」の斜め後ろに二、三歩下がり、呼吸を整えた。軽く握った手綱を手首を効かせて波打たせると、あいこ2がすっと頭を上げ、手前に引けば後ろ脚を真っすぐそろえる。林以外の農家が軒並み逆手で鼻輪を握って力任せに牛を制する中、しなやかに空気を切り裂く綱一本で巨大な家畜を自在に操る妙技「長綱」は異彩を放ち、客席中の視線をとらえて離さなかった。

単品区で自身初の最終選考を突破した林秋廣＝2012年8月27日、小林市・小林地域家畜市場

三大会連続の全共出場を懸け、林は二〇一二年八月二十七日に小林市の小林地域家畜市場であった第一〇回全共長崎大会・宮崎県代表牛決定検査会（最終選考）の審査場にいた。林は宮崎県内でも数人しかいない長綱の使い手。一九八七（昭和六二）年に家族旅行で立ち寄った第五回島根全共の会場で、たまたま目にしたのがマスターするきっかけになった。画家から転身した異色の繁殖農家・林は「牛は芸術作品。絵と同じ」と言い切る独特の感性を持

つ。「白いキャンバスにまず構図を決めて筆を重ねていく絵画と、目の前の子牛がどう成長するかを思い描き、時間をかけてそのイメージに近づけていく和牛づくりは感覚的に非常に近い。先を見通す力、想像力が牛にも絵にも不可欠」というのが持論。牛そのものだけでなく、長綱というパフォーマンスを牛と一体となって演じきるのも、林にとっては芸術のひとつの提示にほかならない。

農家の長男に生まれた林は県立高千穂高校を卒業後、油彩画家で身を立てようと東京の武蔵野美術大学に進んだ。大学を出た後はそのまま首都圏を拠点に活動。個展を開くなどして何の後ろ盾もない都会で少しずつ地歩を固め、アトリエを構えるまでになったころ、父竹士が胃がんで死去した。林が三三歳のときだった。「母も体調を崩し、二頭の牛の面倒を誰かがみなければならなかった」。アトリエを畳んで古里に戻り、「半農半画」の生活となって今に至る。ちなみに一八歳で両親と妹三人を残して上京する林に、竹士は家を継げとは言わず、黙って送り出した。「父自身が若いときに音楽の夢を諦めた人。だから一人息子のわがままも受け入れてくれたのかもしれない。あのとき反対されていたら猛反発し、こうして牛飼いをやっていたかどうかも分からない」

林は長綱で観衆をうならせたあいこ2で連続出場を決める。生後一七〜二〇カ月未満の若雌で争う単品出品の3区。口蹄疫による人工授精自粛で子牛生産の空白期が生じた宮崎県には最大で一七カ月齢しかおらず、本大会ではハンディを背負って戦う区分となるが、林にはあいこ2に寄せる絶対の自信と、もうひとつ別の理由もあって高揚感の方が勝っていた。前回鳥取全共の内閣総理大臣賞は地域の仲間三人と臨んだ4区（系統雌牛群、一四カ月以上の四頭一組）で獲得したもので、団体戦。その前の〇二年岐阜全共も群出品区で、「いつか自分の腕一本で勝負してみたい」と考えていた林にとって、そのチャンスが巡ってきたからだ。

各地に無数のブランド牛がひしめき、繁殖・肥育技術が行き着くところまできた感のある日本国内にあって、全共の頂に立った育成技術と手綱さばきを併せ持つ林に個人で対抗できるのは、同じ宮崎県で同じ繁殖をなりわいとする永友浄＝都農町＝ぐらいしかいないというのが衆目の一致するところだ。3区宮崎県代表のもう一枠を手にしたのもその永友。ほかの畜産共進会などで顔を合わせても交わすのは二言、三言で多くを語ることはしないが、永友が「大将の牛を立たせる技術は一流。俺にはできん」と言葉を少なに林を評せば、林も「あの人は業師であり勝負師」と認める仲だ。

洗練された林の長綱とは対照的に、業師という言い回しでも分かるように審査場での永友の振る舞いはマイペースで、ある意味ふてぶてしい。引き手も牛も二時間近く立ちっぱなしの長丁場。結果が出るまでずっと緊張を強いられ、身じろぎひとつできない牛もこたえる。ここで審査状況や審査場の人の動き、目線などを的確に把握する永友のくせ者ぶりがさえる。審査員の目を盗んでは腕の力を抜き、何食わぬ顔でこわばった牛をリラックスさせ、体をほぐすのはお手の物。そうして立ち姿に生気と張りを取り戻させる。五度の全共出場経験がなせる技だ。永友は「審査員との駆け引きも勝負のうち」と不敵に笑う。

来る長崎全共での二人の激突を大会屈指の好カードに押し上げたのが、永友が3区に立てた若雌ただふく6の2を巡る因縁。「これが最後の全共」と宣言して永友が全てを注ぎ込む一頭は、口蹄疫から再起して県内家畜市場をくまなく回っていた一二年二月、高千穂町であった競り市でライバル関係にある林から購入した。林は体高が規定オーバー気味なのが気掛かりで手放したが、永友が「とにかく体積が素晴らしい」と見初めた。月齢不足のハンディを、少しでもかさの大きい牛で克服、勝機を見いだそうという意図だ。いずれにしても、林がこの世に生を与えたただふく6の2が永友に磨きをかけられ、全共で元飼い主の林の前に立ちはだかる数奇な経緯は見る者の興味、好奇心をくすぐり、対決を盛り上げる。

「もう一度奪え　日本一」。宮崎県内七カ所で行なわれた一次選考、最終選考の会場ではひときわ目立つところにそんなスローガンが掲げられていた。「現実にできるのは誰かと問われれば、真っ先に思い浮かぶのがすさまじい勝利への執念で、修羅場をくぐり抜けてきた永友さんであり林さん」。前回鳥取大会で永友の、前々回岐阜大会で林の牛の世話係を務め、それぞれ一週間寝食を共にした宮崎県復興対策推進課副主幹の鴨田和広はそう断言する。牛の魅せ方で異なる美学を持つ二人が県最終選考でそろって3区代表に決まったとき、鴨田は「全国でも双璧の存在の二人が同じ区で雌雄を決し、どちらか一人しか日本一になれない。身震いするような勝負になる」と漏らした。その言葉通り、長崎県佐世保市・ハウステンボスでの本大会にコンディションのピークをぴたりと合わせた若雌二頭の勝負の行方は、その審査の終了間際までもつれこむことになる。

全国の強豪

全国三八道府県が選抜した四八〇頭が産地の威信を懸けた全国和牛能力共進会長崎大会。各産地が誇る和牛の血統だけでなく、ブランドもその基準が千差万別であるように、五年に一度同じ土俵に上がり和牛改良の優劣をつける全共での狙いもさまざまだ。まずは一〇回を数える大会の足取りを追ってみたい。

兵庫、島根、鳥取、岡山、広島、山口の先進六県から九九頭が参加して一九六六（昭和四一）年の岡山大会から始まった全共は、次第にその規模を拡大している。第三回都城大会が二八道府県二七九頭、一九九二年の第六回大分大会では三五道府県三九一頭が参加。現在とほぼ同規模のイベントに成長している。

各大会全区分の優等三席以上の数を比較すると、全国の産地の移り変わりが分かる。上位三席の四～六割を中国地方が占めていた第四回福島大会までを経て、第五回島根大会以降は中国地方の上位入賞数に九州が肉迫する。この傾向は最高賞の内閣総理大臣賞受賞県の変遷ともほぼ符合。第一章「ブランドへの道」で触れた通り、地元開催となった第二回の鹿児島県を例外とすれば、種牛の部の内閣総理大臣賞は第五回島根大会まで中国地方のチームが独占。ようやく第六回大分大会で鹿児島、第七回で岩手、第八回で岐阜、第九、一〇回の宮崎と後発産地の手に渡っている。飼育頭数でも古豪の中国地方を抑えるように九州勢が台頭。岩手県を筆頭にした東北勢がこれに続く形で力を付け、中国地方とともに第二グループを形成しているのが現在の構図だ。

そんな中、長崎大会でとりわけ注目されたのが東日本大震災からの復興途上にある東北六県の動向だった。一九九二年の第六回大分全共から本格出品している宮城県は、次回二〇一七年の開催地。ただ、全国に名をはせる種雄牛がいなかったことや審査で重視される体積不足、調教技術の低さなどもあってこれまで優等首席獲得はゼロだった。長崎全共に向けて鹿児島、宮崎県から豊かな体積を子に伝える繁殖雌牛を毎年一〇〇頭ずつ計画導入し、ようやく誕生した全国レベルの県有種雄牛「茂洋《しげひろ》」を掛け合わせた血統で勝負する戦略を描いた。

宮崎県西諸県地域から導入した雌牛の子を種牛の部7区（総合評価群、七頭一組）に出品した繁殖農家・大立目《おおたちめ》敏夫＝宮城県登米市＝は、ほかの出品農家に調教技術を教える指導役も担った。大立目は

「牛の良さを余すことなく審査員に見せられなければ、良い牛をつくっても意味がない。そういう意味では、準備ができた大会だった」と振り返る。大会で発揮された調教技術も西諸県地域から教えを請うたものだ。宮城県内の農協職員や農家らが一〇年以上前から宮崎県で研修し、その成果が実った。

大立目の手応え通り、全区分に二六頭出した宮城県は、種牛の部4区（系統雌牛群、一四カ月以上の四頭一組）の優等三席を筆頭に、四区分で優等賞入りする過去最高の成績。JA全農みやぎ畜産部生産指導課長の佐々木重善は「これまで評価されなかった体積面がしっかり評価された。肉牛部門で優等賞ゼロなどの課題は残ったが、地元開催となる次回は『仙台牛』の魅力をアピールしたい」と語る。

有名ブランド「前沢牛」を擁する岩手県も全出品区に牛をそろえた。岩手県は地元開催の第七回種牛の部7区で優等首席、内閣総理大臣賞を受賞した東北の雄。今大会は、サシ（脂肪交雑）などの子牛の上物率八三・三％、A5率五〇％を記録した県有種雄牛「飛良美継《ひらみつぐ》」の産子を軸に選抜した。区分最高成績はその飛良美継産子を出した1区（若雄、一五〜二三カ月未満）の優等二席にとどまったが、九区分中七区分で優等賞入りする安定した戦いぶりで、団体順位は東北トップの五位。宮城とともに東日本大震災から復興途上の東北に勇気を与えた。

畜産関係者の間で種雄牛の東の横綱と呼ばれ、全国的に有名なスーパー種雄牛「第1花国《はなくに》」を生んだ青森県もまた、全出品区に計二六頭を出品。肉牛の部8区（若雄後代検定牛群、三頭一組）、9区（去勢肥育牛）に出した五頭が全て優等賞入りし、種牛の部4区で優等五席に入った。東京電力福島第一原発事故の影響が最も懸念された福島県も五区分に計九頭をそろえた。福島県は先進地で高い調教技術を持つ鳥取県で農家らが研修するなど、上位進出のための対策を敷いた。大会では二区分の五頭が優等賞に入り、次に期待できる結果を残している。「米沢牛」のお膝元、山形県は種牛の部2区（若雌、一四

～一七カ月未満)、3区(同、一七～二〇カ月未満)、6区(高等登録群、三頭一組)に五頭、肉牛の部9区に二頭を出した。9区で一等賞となった荻野雅人＝尾花沢《おばなざわ》市＝は「(上位の枝肉を見て)二四カ月の短い肥育期間であれだけサシが入っていることに驚いた。まだまだ血統や技術を勉強し再び挑戦したい」と話す。

一方、全国の名だたるブランドに対抗し産地復権を目指す先進県の奮闘も目立った。一九六〇年代後半から七〇年代前半にかけて一世を風靡《ふうび》した種雄牛「気高《けたか》」の出生地、鳥取県もそのひとつだ。気高の血統の特徴は早熟・早肥。しかし、一九九一年の牛肉輸入自由化で外国産との差別化を目指した和牛界では、脂肪交雑を求める機運が急速に高まり、サシの少ない気高の血統が大半だった鳥取県の市場は熱を失った。八五(昭和六〇)年に六〇〇〇頭以上あった年間子牛取引頭数はここ数年二二〇〇～二四〇〇頭まで減少。九二年の第六回大分大会を最後に、全共での優等首席獲得も途絶えている。

鳥取県が活路を見いだしたのが肥育の強化。脂肪を構成する成分の五五%以上をうまみ成分の一種・オレイン酸が占める牛肉を認証するブランド牛肉「オレイン55」を核とした販売戦略を打ち出している。長崎全共ではオレイン酸の含有量を評価する肉牛の部の特別賞「脂肪の質」賞奪取を目標に置いていたが、結果的に山口県の肉牛の部9区代表と兵庫県の種牛の部7区の肉牛代表に奪われた。しかし、肉牛の部9区で優等六席となり、第一回大会以来となる肉牛の部の優等賞を獲得。肥育産地としての進歩の証しを大会に刻んでいる。

肉牛の部で最も優れた枝肉に贈られる最優秀枝肉賞を第八回岐阜、第九回鳥取の二大会連続で獲得した「飛騨牛」の岐阜県は、地元開催の二〇〇二年大会から全区分出品を果たしている。長崎全共で最重要課題に位置付けていたのが、この最優秀枝肉賞の奪取。8区では看板種雄牛「白清《しらきよ》85の3」の後継牛

「花清国《はなきよくに》」の産子三頭で三大会連続の快挙を目指したが、結果は優等三席、最優秀枝肉賞の栄誉は宮崎県代表に奪われている。「取り組みが遅かったとの指摘もあった」（岐阜県畜産課）といい、すでに次回宮城大会に向けた出品対策委員会を立ち上げている。全国区のブランドとして不動の地位を築いている飛騨牛だが、同課は「全共の『日本一』の看板は是が非でもほしい。次の宮城で絶対に取り返す」と息巻く。

種雄牛「第7糸桜」を輩出し、第一回全共から連続出場を続けてきた島根県も長崎大会での復権を目指した。過去、全共では優等首席一一回、うち内閣総理大臣賞三度の名門だが、第九回鳥取全共は初めて優等首席ゼロの屈辱を味わった。長崎全共では全ての出品区で優等三席以上を目指したが結果は種牛4区の優等六席が最高。長崎全共後の一三年三月には三〇ページにわたるリポートをまとめ、次回へ巻き返しを図る。

新興産地で存在感をみせたのが、これまで鳥取全共の優等五席が最高成績の秋田県だった。長崎大会では現場後代検定で脂肪交雑基準（BMS）平均8・3、上物率九四・一％という優れた成績を出した県有種雄牛「義平福《よしひらふく》」の産子三頭を肉牛8区に送り込み、過去最高の優等二席に輝いた。全共後、秋田県畜産振興課は「義平福の凍結精液ストローは、県外からも多くの注文が来るようになった。ようやく全国に胸を張れる県有種雄牛ができた。次回は義平福を中心に改良を進め、肉牛の部で首席を獲って『秋田牛』の知名度を上げる」と意気込む。

高知県は黒毛和種ではなく褐毛和種、いわゆる「あか牛」で種牛2、3区と肉牛8区に計六頭を出品。黒毛和種が主体の全共では成績こそふるわなかったが、黒毛和種以外の和牛の出場は高知県だけだったこともあり、会場の視線をくぎ付けに。高知県畜産振興課は「全国の話題になることでコマーシャル効果を狙った」と話す。ちなみにこの褐毛和種、高知県によると、二〇一四年現在、母牛は約一〇〇〇頭。サシが少なくうまみのある牛肉として全国的に高い評価を受けているものの、種の存続は危機的状況にある。

実力示した九州勢

近年、全国和牛能力共進会で好成績を残してきた九州勢。第一〇回長崎大会には福岡県を除く七県（沖縄県を含む）が出場し、畜産王国健在ぶりを示した。ただ、長崎、大分、宮崎、鹿児島の四県が全区分に二六～二九頭を出品しているのに対して、佐賀県が三区分四頭、熊本、沖縄県がそれぞれ五区分一〇頭。今大会も過去に内閣総理大臣賞受賞経験のある大分、宮崎、鹿児島県を軸に地元長崎県の躍進という下馬評通りの構図が展開された。

長崎県は大会前から「出場全頭の優等賞獲得と一区分以上での優等首席獲得」を掲げ、地元開催での躍進に並々ならぬ意欲を見せていた。長崎県肉用牛改良センター（平戸市）が育成し、二〇〇三年に精液の供給を開始した種雄牛「平茂晴《ひらしげはる》」は肉質・肉量を兼ね備えた産子を生み出すと評判を呼んだ。長崎県内の子牛競り平均価格は〇七年度に初めて全国平均を上回り、その勢いで人気市場に転じた。一一年度が四一万円で全国五位、五市場中四市場がベスト二〇入りするなど、右肩上がりの状況が続く。

長崎県はポスト平茂晴をテーマに大会を迎えた。第九回鳥取全共から連続出場となった県中央部・川棚町の肥育農家・喜々津《ききづ》昭は「繁殖、肥育の双方が力を付け、産地の総合力が高まらないと全国での上位入賞は難しい」と前回大会で痛感し、次世代種雄牛の育成の重要性を認識していた一人だ。喜々津は仲間とともに長崎全共肉牛の部8区（若雄後代検定牛群、三頭一組）に平茂晴の後継種雄牛「福姫晴《ふくひめはる》」の子で挑み、長崎県に初の優等首席と内閣総理大臣賞をもたらした。

未来の種雄牛たちが争う1区（若雄、一五～一三カ月未満）でも「茂晴《しげはる》23」を優等三席に送り込んだ。ポスト平茂晴のアピールとしては上々。福姫晴の産子は一四年四月ごろから長崎県内の子牛競り市に本格的に上場が始まる。茂晴23も試験種付けの子牛が一三年末から次々と生まれるなど、全共から始まった好サイクルが続いている。喜々津は「これまでと違って日本一の肩書きがある。胸を張って『長崎和牛』を全国に売り込むだけの自信も付いた」と語る。

この大会で、宮崎県最大のライバルと目されていたのが、肉用牛飼養頭数全国一位の鹿児島県だった。記録の残る一九七四（昭和四九）年から飼養頭数全国トップの座を守り続け、二〇一三年二月一日現在で三二万一六〇〇頭（全国シェア一八・八％）。頂点に君臨する種雄牛たちは、宮崎県家畜改良事業団（高鍋町）が主導して改良、一元管理する宮崎県と対極をなし、県と民間が競い合ってつくられてきた歴史を持つ。

凍結精液ストローを供給する民間業者は一五施設あり、その精液は自由に県外に販売している。発育が良く、肉質にばらつきが少ないとして全国から高い評価を受ける種雄牛「安福久《やすふくひさ》」や「百合茂《ゆりしげ》」もまた民間の人工授精所がつくり上げた。二頭を管内に持つ薩摩中央家畜市場（さつま町）の二〇一一年度の子牛平均取引価格は一頭当たり四四万五〇〇〇円。全国平均四〇万円を上回り、全国一、二位を争う高値だ。

肉量、肉質さまざまなニーズに応えるバリエーション豊かな種雄牛がそろい、地元ブランド「鹿児島黒牛」だけでなく、日本の和牛づくりをリードしてきた。〇二年の第八回岐阜全共には、品位に優れる県の「金幸《かねゆき》」、体積に優れる民間の「平茂勝《ひらしげかつ》」の子たちで挑み、最高賞の内閣総理大臣賞こそ逃したものの、種牛部門1〜6区で優等首席を独占、大会の主役を演じた。官民の種雄牛ががっちりかみ合った鹿児島畜産の強みが出たこの大会は、宮崎県代表チームにも強烈な記憶を刻んだ。

宮崎県に幾度となく土を付けてきた鹿児島県が長崎全共に送り出した代表牛二九頭は父が県産一四頭、民間産一五頭。子にその性質が伝わりやすいとされる二代祖（父、母の父）のいずれかが金幸か平茂勝という牛が一八頭を占め、岐阜全共を彷彿とさせるラインナップになった。しかし、結果は宮崎に次ぐ団体二位ながら優等首席は6区（高等登録群、三頭一組）のみ。その他の区分では宮崎県などに上位進出を阻まれる結果となった。鹿児島県畜産課は「結果を一言で表すならば『悔しい』。次回は県内の優れた種雄牛や繁殖雌牛を武器に、宮崎も含めた他県を圧倒したい。そのための準備はすでに始めている」と話す。

宮崎、鹿児島県に次ぐ実績を誇るのが岐阜全共7区（総合評価群、七頭一組）で内閣総理大臣賞を受賞した「おおいた豊後牛」の産地、大分県だ。今大会では全九区分に二六頭を出品し、1区と5区（繁殖雌牛群、三回以上出産している四頭一組）で優等首席を獲得。4区（系統雌牛群、一四カ月以上の四頭一組）でも二席に入る好成績を挙げた。最大の成果は、種雄牛候補で争う1区を制した「光星《みつぼし》」の存在だろう。大分県内では県外の民間種雄牛の精液を使う農家が増える中で、ようやく誕生した県産種雄牛。大分県畜産振興課は「全国に胸を張れる種雄牛に成長してほしい。成績がふるわなかった肉牛のてこ入れも図る」と次回宮城大会で巻き返しを誓う。

一方、佐賀県は3区一七席、熊本県は9区二席、沖縄県は6区五席とそれぞれ健闘したものの、全国のトップレベルには届かなかった。

和牛の祭典開幕

白い屋根と晴れ渡る青空のコントラストが鮮やかだった。三八道府県が和牛の改良成果を競う第一〇回全国和牛能力共進会が二〇一二年十月二十五日午前、長崎県佐世保市のハウステンボスを主会場に開幕した。二〇年ぶりの九州開催。オランダの街並みを再現したテーマパーク駐車場に整えられた特設会場は五日間の大会期間中、全国から選び抜かれた極上の牛たち四八〇頭の見本市となる。幕末の志士たちが明治維新を成し遂げた舞台裏のひとつとなった地にちなみ、大会テーマは「和牛維新」。その「維新」に見合う新たな審査項目がいくつか取り入れられた。例えば、サシ（脂肪交雑）は一貫してその量のみが重視されてきたが、近年注目されているうまみ成分・オレイン酸など一価不飽和脂肪酸（ＭＵＦＡ）の含有割合が高い肉をたたえる特別賞「脂肪の質」が設けられるなど、これまでにない角度、機軸から差別化、高付加価値化を図る和牛づくりにも光が当てられることになった。

開会式で入場行進する宮崎県代表チーム＝2012年10月25日、佐世保市のハウステンボス

開会式では北海道を先頭に各代表団が北から順に入場。東日本大震災で大きな被害があった岩手、宮城、福島の三県が復興支援への感謝のメッセージをつづった横断幕を掲げて行進すると、震災から一年

半余りで出場にこぎ着けた関係者の努力に敬意を表す惜しみない拍手や歓声が送られた。口蹄疫を乗り越え全九区分に二八頭の代表牛を出品する前回覇者・宮崎県代表団は三五番目に登場。女性旗手を先頭に「感謝　復興　前進　宮崎牛」と染め抜かれた横断幕を手にした農家や技術員ら二五人が連続日本一に向けて力強い一歩を踏み締めた。

和牛の現場は男性が大半を占めることもあり、女性の旗手は珍しい。緑地に黄色の「ミ」の字が図案化された宮崎県旗を両の手のひらでぎゅっと握り締め、チーム宮崎を先導したのは宮崎県西部の農業振興を担う宮崎県西諸県農林振興局農畜産課の技術員、小畑《おばた》典子＝現姓・宮崎。前回〇七年鳥取大会も旗手を務めている。大分県出身で宮崎大学農学部生物環境科学科を二〇〇四年に卒業し、宮崎県庁入庁四年目の若手だった前回、思いも寄らなかったスタッフの一人に指名され鳥取に向かった。右も左も分からないまま大会終了まで無我夢中で駆け抜け、最後は全国ナンバーワンの感動を味わう幸運に恵まれた。「彼女に来てもらうと験《げん》がいい。日本一を呼び寄せる勝利の女神だ」。農家の多くに強く望まれての再登板となった。小畑もまた、口蹄疫時には白い防護服に身を包み、国道での車両消毒に従事した。「この場に戻ってこれるとは思わなかった」。どん底を知る一人だからこそその実感がこもっていた。

宮崎県代表メンバー、スタッフは小畑のようにさまざまな感慨を胸に開幕の時を迎えたが、このときすでに一仕事終えた後だった。ほぼ全員が会場入りしたのは開会式四時間前の午前五時半ごろ。まだ夜が明けきらぬ中、宮崎県代表牛にあてがわれた牛舎に宮崎県庁や農協の技術員らがひっきりなしに出入りし、それぞれの仕事に没頭していた。

眉間にしわを寄せ、腕組みをして仁王立ちしていたのはNOSAI都城の獣医師・永田浩二。餌はちゃんと減っているか、ふん尿に何らかの悪い兆候が紛れていないか、一頭一頭の前で足を止める。さ

咳をする牛の肺の音を聞く獣医師の永田浩二。牛の体調管理に目を光らせる＝2012年10月25日、佐世保市のハウステンボス

さいな呼吸の乱れも聞き漏らすまいと、真一文字に結んだ口元から気持ちを張りつめているのが分かる。普段は都城市の肉用牛農場で約二〇〇〇頭の健康管理を一手に引き受けているが、チーム専属獣医師の一人として前日から長崎入りしていた。気になる牛を一頭見つけた。餌箱は空になっていて、下痢などの症状もないが、少しだけ鼻水が垂れている。念のため体温を測ると、平熱だった。「人間も牛も医者の出番がないのに越したことはないね」。この朝初めて表情を緩ませた。

種牛の部3区（若雌、一七～二〇カ月未満）代表・永友浄＝都農町＝のただふく6の2の世話を宮崎県予選前から手伝ってきたのがJA尾鈴都農支所の技術員・黒木秀一。永友の二回り以上年下で、ただふく6の2を間に置いて額を寄せ合う様子は親子のよう。冗談交じりにからかう永友に陽気に応える黒木。そんな掛け合いで二人は周囲を和ませるムードメーカーになっている。黒木は「ただふくと浄さんに気持ちよく舞台に上がってもらうことが自分の仕事」とわきまえる。種牛二〇頭に対して、黒木のように官民のさまざまな組織、団体から長崎に派遣され、牛に張り付く技術員はその倍の約四〇人に上った。一頭に二人を充てる手厚い態勢だ。牛の調教や水洗い、毛刈りだけでなく、空き時間を使って手際よく牛舎の掃除や洗濯をこなすなど、誰もがよく気が利く。長時間姿が見えないなと思っているとき、他県の有力牛の情報収集をしているなどフットワークも軽い。

日本一をつかんだ鳥取大会がそうだったように裏方一人ひとりの献身的働きが合わさって初めて、牛たちの万全な状態をキープできる。どんな小さな不安要素も早めに察知し、一つひとつつぶしていくのが彼らの役目。代表牛をつくるのは出品者だが、全共で勝てるかどうかはスタッフも含めたチームの総合力に懸かっている。また期間中は少しの緩みも排除するため、毎日全体朝礼を開催。技術員約四〇人は携帯電話にイヤホンを差し込み、大歓声の中でも通話できるよう客席や審査場の脇など各所にスタンバイ、不測の事態に備えた。そんな緻密なフォローのかいもあって、開会式後の体高などの予備測定も県勢種牛の全てが基準内でクリアした。

さっきまで旗手だった小畑も牛舎に駆け込むと、早速牛の拭き上げにかかった。「また、先頭に立たせてもらった。これからは皆さんが力を出せるよう、精いっぱい後方からバックアップするだけ」。大役を無事に終えた心地よい解放感に浸りながら、牛にたっぷり手を掛ける勝利の女神はすっかり裏方の顔に戻っていた。

夢舞台（上）

ひのき舞台に上がる農家や引き手のふとした表情に、牛の仕上がりへの自負心とともに不安や緊張が浮かぶ。二〇一二年全国和牛能力共進会長崎大会二日目。四頭一組で評価される5区（繁殖雌牛群、三回以上出産している四頭一組）代表は県西部の西諸県チームの四人。その一人で、全共出場三度の今村いっていった。

鉄男＝小林市＝は「牛も自分も最高の状態」と自分に言い聞かせるような言葉を残し、審査場に入っていった。

5区に出場するのは全国の一五組六〇頭。各県ごとに並べた牛の向きを変えながら審査員が体型を見極める。ときには審査員が気になる県同士を隣合わせで並べて比較することで徐々に序列を決め、この作業を最大九〇分の制限時間内で何度も繰り返していく。

「今村さん、少し手元が硬いかも」。観戦していたほかの農家がつぶやいた。群出品で地域の繁殖用雌牛が集団として高いレベルにあるかを競う5区の場合、一頭一頭の仕上がりはもちろんだが、いかに集団として均一性があるかが問われる。例えば横から見たときに四頭の体上線から鼻の先までがきれいにそろっているかどうか、そんな見た目も判断基準の一つだ。遠目に見ると今村が綱を引く「88うしわかまる」の頭がわずかに高く上がっているようにも見える。本番ならではの独特の緊張感が手綱の感覚を狂わせるのだろうか。ベテランが腐心する様子に大舞台の難しさが際立つ。

審査三日目の種牛の部4区（系統雌牛群、一四カ月以上の四頭一組）に挑んだ南那珂地区の四頭のうちの一頭「たまこ3」は、全共を志しながら八三歳で亡くなった繁殖農家・鳥越定の忘れ形見だ。長女の春枝＝日南市南郷《なんごう》町＝が大切に育て、定から息子同然にかわいがられた削蹄師の松本寿利＝串間市＝が引き手を務めていた。

「右（に進め）」「左（に進め）」。審査を数時間後に控え、調教に余念がない松本の声がハウステンボスの一角に響く。少し癖のある毛は短く整えられ、黒々と光沢を放つ。二五年間仕事を共にした定からは削蹄だけでなく、毛刈りもたたき込まれた。「定さん仕込み。仕上がりは良くて当然」と胸を張る。

仕上がりは万全だが、いつもと違うたまこ3の動きに首をかしげる。「飼い主の春枝さんを求めて、落ち着かない。慣れない環境やからかな」。練習を終えたほかの三頭の引き手が牛舎で休む中、松本はもう一度運動場に向かった。「調教はやったほど効果がある」。定の言葉が体を突き動かす。

春枝は自分の役割を後方支援と心に決め、長崎入り後は父の愛牛の視界に極力入らないように注意を払っていた。「たっぷり世話をしてあげたいが、甘えが出たら勝てないから」

松本は審査直前、雨でぬれた地面に構わず膝を突くと、もう一度だけ腹の毛をほんの少し刈った。「一本の乱れもないように」。高ぶる気持ちを静めるようにゆっくりとはさみを動かす。「俺が牛を仕上げるから、長崎ではお前が立たせろ」。師匠と交わした約束がよみがえる。

三〇〇〇人が固唾をのんで見守る審査場は師匠が憧れた「夢の舞台」。前日からの雨で、少し凸凹が目立ち始めた箇所を避けて、何度も立ち位置を修正した。「最高の状態を見せたい」。引き手の松本の意をくむようにたまこ3もおとなしく従う。審査員五人に囲まれても、指をさされても気を散らすことなく、ほかの三頭とともに堂々と立ち続けた。

「四頭でピシッと決まったね。お父さんが審査場に下りてきたんやろか」。審査終了後、春枝の言葉に松本が優しく笑い返し、うなずく。定を驚かせるような結果が出る。二人には不思議とそんな確信があった。

夢舞台（下）

「体調が戻った」。2区（若雌、一四～一七カ月未満）の宮崎県代表「とみの3」の出品者・松本昭次、範子夫婦＝日南市南郷町＝の声が弾んでいた。2区審査当日の朝。せきを繰り返し、餌の減りがいまひとつだった前夜から、すっかり食欲が戻っていた。

とみの3の父牛は口蹄疫時に国の特例避難で生き残った種雄牛五頭のうちの一頭、勝平正。母の父が伝説の種雄牛「安平《やすひら》」という恵まれた血統を持つ。夫婦の牛舎で生まれた「とみ」に口蹄疫終息後、初めて種付けして生まれた。産み落とされて自ら立ち上がる際、これまでに見たことのないような力強さを感じさせる雌牛だった。

大会八カ月前の二〇一二年二月、夫婦の自宅近くにある南那珂地域家畜市場（串間市）の子牛品評会に出場したとみの3は集まった農家を驚かせた。出場した雌牛四六頭のうち、八カ月齢では群を抜く発育の良さ、横や後方から見たときの体型のバランス、肉付きが高い評価を受けた。

品評会直後にあった競り市では平均価格の倍以上する一〇七万円の値が付いたものの、夫婦は繁殖農家を始めて以来五五年で最も資質の高い雌牛を手放そうとはしなかった。とみの3がいれば次の子牛への楽しみが増える。何より地域に優良な雌牛を残すことが、地域の次の世代の土台となると考えた。

真っすぐな体上線と豊かな体積、深みを持つとみの3は品評会後すぐに宮崎県内の肉用牛農家や全国和牛登録協会宮崎県支部など関係者の話題になった。ただでさえ口蹄疫の影響で県内の層が薄い2区の対象牛。地元農協のJAはまゆうは全共出品を粘り強く説得したが、松本夫婦は固辞し続ける。「もう年だから」。大会当時の昭次は七七歳。親牛が一〇頭も入れば満杯になる小さな牛舎で夫婦二人が静かに牛を飼い、つましい生活が送れれば十分だった。しかし、「とみの3は地域の宝。埋もれさせてはもったいない」「何もしなくていいから」と説得は続く。

「そこまで言われ、支えてもらえるのならありがたく受けよう」。大会を半年後に控えた春、夫婦は熟慮の末に決心した。それから入れ代わり立ち代わり、地元の農家らが立ち寄り、「地域の宝」に手を掛けてくれた。夫婦宅の向かいに住む繁殖農家の安楽淳二もまた、とみの3の世話を買って出た一人で、大会で夫婦の代わりに引き手を務めることになった。

そして二〇一二年十月二十六日、松本夫婦と安楽はついに夢の舞台を踏む。だが、審査開始直後のとみの3は安楽の思い通りになかなか動いてくれない。繰り返し体をなで、声を掛ける。焦りが伝わらないよう優しく、根気強く。三〇分もして審査員が近づくころには、とみの3は落ち着きを取り戻した。審査員の前では微動だにせず、持ち味の体上線の美しさと体型の良さをアピールできた。祈るように見つめていた客席の昭次が「ふうっ」と息をはいた。「こんなに重みを感じる手綱、もう握ることはないだろう」。安楽は審査場を出てようやく表情を崩した。

全共閉幕後、優等首席のトロフィーを手にした松本夫婦が長崎を出発して串間市の南那珂地域家畜市場に帰ってきたのは午前一時ごろだった。未明にもかかわらず出迎えが多いのに驚き、友人たちから「良かったなー」と興奮気味に抱きつかれた。後日、お祝いに続々と贈られてくる焼酎の一升瓶約二〇〇本は床の間を今も占領している。昭次は「南那珂地域から初めてということもあり、周囲の喜びは予想以上で、その反応に感動した」と振り返る。

現在、夫婦は九頭の母牛を飼う。七二歳になった範子は「力が続く限りいい雌牛をつくって地域に残す。若い世代にしっかりバトンを託したい」と愛情を注ぐとみの3は二〇一四年一月現在で二歳七カ月。全共から半年後の一三年四月二十六日に初めて生んだ雄子牛は、翌年一月に南那珂地域家畜市場で行なわれた子牛競り市に出品され、購買者から大きな注目を集めた。夫婦は「(優等首席の子どもだから)下手なものは出せない」と大きなプレッシャーを感じながら育てたが、子牛は去勢最高額となる七七万一〇〇〇円を付けた。昭次は今、「全共に出品して本当に良かった。受賞が子牛産地の市場価値を高めた」と実感する。

優等首席ラッシュ

「9区　優等首席　末勝《すえかつ》」。宮崎県勢が待機する牛舎入り口に早朝張り出されたその張り紙が、連続日本一が懸かる宮崎牛の快進撃ののろしとなった。第一〇回全国和牛能力共進会長崎大会は二日間の本審査を終え、開幕四日目の二〇一二年十月二十八日、いよいよ成績発表のときを迎えていた。三八道府県四八〇頭で争った1〜9区のうち、4区（系統雌牛群、一四カ月以上の四頭一組）を除く八区分について、首席から優等外までの全ての等級（順位）が明らかになる。

「それぞれの区分に二、三県ずつ手ごわそうな牛がいたが想定通り。気を抜かずに最後まで全力を尽くせばいける」。宮崎県代表団を取り仕切る全国和牛登録協会宮崎県支部業務部長の長友明博は本審査を終えた前日時点で、初の日本一をつかんだ前回〇七年鳥取大会と遜色ない感触を得ていたが、採点競技は結果が出てみなければ分からない。そんな一抹の不安を吹き飛ばしたのが、大会第一号の優等首席となった肉牛部9区（去勢肥育牛、二四カ月未満）の「末勝」であり、出品者の若手肥育農家・福永透だった。

宮崎県西部の三股町《みまた》に農場を開く福永は三八歳。全国でも有数の畜産地帯・都城地区から唯一の宮崎県代表入りで初出場だった。前回鳥取全共で父昇が同じ9区の優等首席に輝いており、親子で二大会連続首席の偉業達成ということになる。枝肉処理され判明した一三項目に及ぶデータを見ると、末勝は別次元の牛だった。ロース芯の断面積七六平方cm、バラの厚さ八・四cm、歩留まり（と畜前の体重に対する枝肉重量の割合）七七・六％などどれもトップクラスで他の七五頭を圧倒。一～一二段階で表す脂肪交雑基準（ＢＭＳ）は９区平均が６・５だったのに対し、満点の12をたたき出している。

「枝肉を見て、鳥肌が立った」。その仕上がりぶりは福永の想像をも超えていた。末勝の父勝平正は地元・都城地区出身の種雄牛で、口蹄疫で殺処分を逃れたわずか五頭のうちの一頭だ。「都城、宮崎県内に全国の期待に応えることができる種雄牛が健在であることを知ってほしかった。肉の光沢、締まり、細かなサシ。勝平正の力を存分に引き出せた」。圧巻の肉質はその場でかけられた競りでも話題を独り占めにする。重量四四二kgになった末勝の枝肉を丸ごと一頭分落札したのが神奈川県の精肉小売り「ニュー・クイック」で、その価格は二〇六〇万円（一kg当たり四万六六六〇円）。Ａ５等級二〇頭分に相当する。同社はそれまで宮崎牛の取り扱いはなかったが、社長の清水富士雄にはその枝肉がピカッと光り輝いて見えたという。「口蹄疫に追い込まれた産地が、たった二年でここまでの枝を出せるまでになるとは。生産者の努力をたたえ、何らかの行動を起こしたかった。どんなに値が上がっても絶対に自分の手で落札するつもりだった」。男気に満ちた清水のコメントは宮崎県代表団を勇気づけ、福永は全共成績と、商品としての経済的な価値の両面で、口蹄疫からの復興を高らかにアピールする。

長崎入り直後に枝肉処理され審査が完了している肉牛部に対し、種牛の部１～６区と種牛・肉牛混成の部７区は成績の細部を詰めるこの日の最終審査を経て、順位が確定していくことになる。同じ種雄牛を父に持つ種牛四頭と肉牛三頭のセット出品で、和牛産地としての総合力が試される７区（総合評価群）。宮崎県がこの区の父牛に選んだのは、口蹄疫のさなか、勝平正とともに山深い集落に逃避行し命をつないだ美穂国だ。出品者七人をまとめる森田直也＝小林市＝は最終審査も種牛四頭と自分も含めた引き手四人を注意深く見比べながら、的確な指示を送り続けた。講評のマイクを握った主任審査員、全国和牛登録協会専務の池田和徳が「深み（背中から腹までの長さ）や伸び（肩から尻までの長さ）など全てのレベルが高く、ばらつきもなかった。群を抜いていた」と美穂国の産子四頭に軍配を上げた。西都市の肥育農家、黒木輝也ら三人が出した三頭の枝肉も一足先に一位を決めており、文句なしの優等首席となった。強固なリーダーシップを発揮し続けた森田は「今日の7区は全員が最高の引き手だった」と初出場とは思えない貫禄と、達成感を漂わせていた。

3区で優等首席に輝いた永友浄（左）と同2席の林秋廣＝2012年10月28日、佐世保市のハウステンボス

他区分でも宮崎県勢牛舎の壁を覆ううれしい張り紙は増えていく。至高の育成技術を持つ宮崎県のベテラン繁殖農家二人が雌雄を決した種牛の部3区（若雌、一七～二〇カ月未満）。口蹄疫で人工授精が四カ月間途絶えたため、永友浄＝都農町＝のただふく6の2、林秋廣＝高千穂町＝のあいこ2はともに出品条件ぎりぎりの一七カ月齢。それでも鹿児島、大分、熊本県など強豪ぞろいの九州勢を中心に六、七頭に絞られた上位争いに、当たり前のように加わった。まず優秀な順に並べられた後、評価が固まっていくにつれて序列が入れ変わる。観衆にも審査過程がリアルタイムで分かるスリリングな時間が流れていく。中盤以降は「圧倒的な体積の豊かさがある」（全国和牛登録協会）永友のただふく6の2が最上位、「品の良さは別格」（同）という林のあいこ2が永友に次ぐ位置に落ち着き、残り五分を

切ったところで並びが確定。どよめく会場で林が永友に歩み寄り「決まったね」と祝福すると、永友も「俺の牛はあんたのところから導入した。素材が良かった」。両雄はがっちり握手を交わした。

口蹄疫によるマイナスが最も色濃かった区分で他県を寄せ付けないワンツーフィニッシュは、優れた血統にあぐらをかくことなく、ましてや口蹄疫に捨て鉢になることなく、農家一人ひとりが高い志で技術を磨き続けていることの証左。口蹄疫を生き抜いた五頭の限られた宮崎県種雄牛である勝平正の子で9区、美穂国の子で7区を制したのと合わせ、宮崎牛の未来をつなぐ内容の濃い勝ち方だった。

この日もうひとつの首席獲得区は2区（若雌、一四～一七カ月未満）。松本昭次、範子夫婦＝日南市南郷町＝出品のとみの3で、この二人にとっても、また過去一度も種牛代表を全共に出したこともなかった南那珂地域にとっても初の頂点。続く二席には7区優等首席の森田が続き、そのらつ

第10回全国和牛能力共進会　長崎大会での宮崎県勢成績一覧

出品区	出品条件	地域		出品者	出品牛	父牛	母の父	母の祖父	成績	名誉賞・特別賞
1区（若雄）	生後15～23カ月未満の種雄牛候補	宮崎県	宮崎県	家畜改良事業団	鞍之国	福之国	上茂福	紋次郎	※1等1席	
2区（若雌の1）	生後14～17カ月未満の繁殖雌牛候補	南那珂	日南市	松本範子	とみの3	勝平正	安平	福茂	優等首席	
		西諸県	小林市	森田直也	みゆき	美穂国	隆桜	安平	優等2席	
3区（若雌の2）	生後17～20カ月未満の繁殖雌牛候補	児湯・西都	都農町	永友　浄	ただふく6の2	美穂国	忠富士	平茂勝	優等首席	体積・均称賞
		西臼杵	高千穂町	林　秋廣	あいこ2	福之国	忠富士	安平	優等2席	
4区	地域の改良に貢献した牛（雄、雌問わない）	南那珂	串間市	黒木松吾	まみ511	福之国	忠富士	福桜	優等首席	
（系統雌牛群）	の系統で、同一地域で生まれ育った生後	南那珂	串間市	岩下　信	つみえ221	福之国	福桜	安平		
	14カ月以上の雌牛4頭	南那珂	日南市	鳥越春枝	たまこ3	福之国	安平	福茂		
		南那珂	串間市	吉田正彦	きくみ2の2	福桜	上福	福茂		
5区	3回以上の出産、分娩間隔400日以内	西諸県	小林市	今村鉄男	88うしわかまる	福之国	安平	隆桜	優等2席	
（繁殖雌牛群）	などの条件をクリアした4頭。生後月齢	西諸県	えびの市	坂元幸保	ふみえ	日向国	福桜	安平		
	の制限はない	西諸県	小林市	橋満裕治	ふくさかえ	福之国	安平	隆美		
		西諸県	小林市	下村　豊	たかとみ6	日向国	安平	長久		
6区	高等登録を持つ母、子、孫の雌牛3代。				第3さかえ	福桜	福茂	頼山	優等2席	
（高等登録群）	孫牛は生後14カ月以上	西臼杵	高千穂町	木下富久	第5さかえ	福之国	福桜	福茂		
					第2さかえ	忠富士	福之国	福桜		
7区	同じ種雄牛の子牛7頭。種牛は17～24	西諸県	小林市	齋藤國章	こはね2	美穂国	忠富士	福桜	優等首席	内閣総理大臣賞
（総合評価群）	カ月未満、肉牛は24カ月未満	西諸県	小林市	中別府秀雪	ももか	美穂国	日向国	上福	種牛：斉一性賞	
種牛4頭		西諸県	えびの市	坂元一貴	もえ	美穂国	安平	福桜		
肉牛3頭		西諸県	小林市	森田直也	まりあちゃん	美穂国	安平	糸秀		
		宮崎中央	宮崎市	小倉光彦	電王	美穂国	安平	大将	肉牛：肉質賞	
		南那珂	串間市	鎌田秀利	串雅留美	美穂国	福桜	安平		
		児湯・西都	西都市	黒木輝也	美穂正	美穂国	勝平正	上福		
8区	同じ種雄牛を父に持ち、異なる母牛から	西諸県	小林市	中窪勝彦	貴花	天奨藤	安平	福桜	優等5席	
（現場後代検定牛群）	生まれた3頭。生後24カ月未満の去勢	西諸県	小林市	馬場牧場	福助	天奨藤	福之国	平茂勝		
	牛3頭	西諸県	小林市	石川澄廣	龍福	天奨藤	福之国	安平		
9区	生後24カ月未満の去勢牛	都城	三股町	福永　透	末勝	勝平正	上福	隆桜	優等首席	最優秀枝肉賞
（去勢肥育牛）		宮崎中央	宮崎市	JA宮崎中央	菊良太	秀菊安	福之国	福桜	優等16席	

※1区の1等1席は、優等14席に次ぐ15番目

腕ぶりを強く印象づけた。ちなみに両牛の父もそれぞれ勝平正、美穂国だった。

宮崎県勢はこの日発表された八区分のうち、種牛の2、3区、種牛・肉牛混成の7区、肉牛の9区の計四区分を制した。他の四区分は大分県が二区分、長崎、鹿児島県が一区分ずつ分け合い、宮崎が頭ひとつ抜け出した形となった。これにより4区の結果と、種牛、肉牛の部の優等首席からひとつずつ選ばれる最高賞の内閣総理大臣賞の発表を残すのみとなった。発表区分の半数でトップを飾ったことは、それだけ最高賞を手にできる確率が高まる。九区分の優等首席から六席までを点数化して決める「団体賞」、そして悲願の連続日本一を視界にとらえた。

悲願達成

種牛・肉牛混成7区（総合評価群、七頭一組＝種牛四、肉牛三）宮崎県代表の肥育農家黒木輝也は、あの日の光景を忘れることはない。全国和牛能力共進会長崎大会最終日の二〇一二年十月二十九日。黒木ら7区の宮崎県代表が種牛の部の最高賞・内閣総理大臣賞に決まったことがアナウンスされると、大きな拍手が会場に響く。受け取ったトロフィーを握る黒木の両手が震えた。「これ以上の喜びは、これまでも、そしてこれからも感じることはないだろう」。客席では万歳三唱をし、手を取り合って喜びを分かち合う僚友の笑顔があった。口蹄疫のつらい日々すらこの日の糧になったと心から思えた。

長崎全共から一年以上が経過して六五歳になった黒木は殺処分前に二〇〇頭いた牛舎で一五〇頭を飼う。肥育農家としては小規模だが、モットーは「楽しみながら飼うこと」。牛飼いの世界に引き戻してくれた隣に住む大﨑貞伸ら地域の若手農家とは、一緒に市場まで競りに出掛け、相談しながら牛を購入している。黒木は「次は彼らが主役になってほしい。もちろんつまらない牛をつくるようだったら俺が出るよとハッパを掛けている」と話す。「次は自分たちが全共に」。そんな思いを秘める大﨑も二〇一三年の県内二つの和牛枝肉共進会で連続して四位に入るなど着々と実力を付けている。

最高賞の内閣総理大臣賞をつかんだ種牛・肉牛混成の7区で宮崎県チームが出品した牛たちは、口蹄疫時に国の特例で宮崎県家畜改良事業団（高鍋町）から避難し殺処分を免れた種雄牛美穂国を父に持つ。チームの精神的支柱となった森田直也＝小林市＝は「生き残った美穂国での最高賞に意義がある。子の繁殖能力も、肉質も日本一と証明できた。宮崎の底力と確かな復興を全国にアピールできた」と胸を張った。美穂国の生みの親で元繁殖農家の穂並典行＝宮崎市高岡《たかおか》町＝も〝我が子〟の血を引く牛の活躍を心から喜んだ。「まさか自分の家の牛舎から生まれた牛の子どもが日本一を取るとは思わなかった。心の底からうれしかった」。妻の看病のため泣く泣く一三年七月に最後の雌牛二頭を手放したが、今でも美穂国の子牛の価格が気になり競り市には顔を出している。七七歳の元牛飼いは「生き残って良かったと言ってもらえるように、長く活躍してほしい」と今も変わらぬ美穂国への思いを胸に秘めている。

7区で優等首席を獲得した出品者たち。天を指し、ナンバーワンをアピールした。その後、種牛の部の内閣総理大臣賞にも輝く＝2012年10月28日、佐世保市のハウステンボス

内閣総理大臣賞を受賞し、審査場内をパレードする7区の出品者たち＝2012年10月29日、佐世保市のハウステンボス

内閣総理大臣賞とともに最終日に審査結果が発表された種牛部門4区（系統雌牛群、一四カ月以上の四頭一組）でも、宮崎県代表の県南部・南那珂地区が全国一位に当たる優等首席を獲得した。四人のリーダーを務めた黒木松吾＝串間市＝は「前日から続く宮崎県チームの勢いを引き継げた」と謙虚に語ったが、審査講評では「品位や体上線（背中のライン）の力強さが強く出ていた」と高評価を受けた。4区代表の一人、岩下信＝串間市＝から「これからの畜産人生に生かしてほしい」と引き手を託された次男の信也にとって頂点に立った経験は、父の言葉通り転機になったのかもしれない。「次は自分が育てた牛で目指したい」。大会時に県立高鍋農業高校二年生だった少年は一四年春から県立農業大学校に進学、人工授精や畜産経営を学ぶことになった。

長崎大会で宮崎県がつかんだ首席は全九区分中五区分。肉牛の部の内閣総理大臣賞こそ8区（若雄後代検定牛群、三頭一組）首席の開催県・長崎に譲ったが、他を寄せ付けない成績に違いはない。首席牛にスポットライトが当たりがちだが、宮崎県から二頭ずつが出場した2、3区（若雌）は全国一、二位を独占、5区（繁殖雌牛群、三回以上出産している四頭一組）、6区（高等登録群、四頭一組）も二位の二席に食い込んだ。九区分の優等首席から六席までを点数化して道府県の総合順位を決める団体賞でも四二点を挙げ一位。二位鹿児島県（二五点）、三位大分県（二四点）を大きく引き離した。

種牛部門七区分の上位三席受賞者のみ参加できる場内パレードには、2～7区に出場した宮崎県チームの雌牛全一九頭が列に加わった。音楽隊のファンファーレに合わせてゆっくりと審査場を一周。チームを仕切った全国和牛登録協会宮崎県支部業務部長の長友明博は、牛がパレードに出て行って空っぽになった牛舎を一人で見渡しながら、「この場面を思い描きながら準備を進めてきたんだ」と感慨を込めた。

2010年の口蹄疫を生き延び、第10回全国和牛能力共進会長崎大会での日本一に大きく貢献した県有種雄牛「美穂国」（宮崎県家畜改良事業団提供）

県勢の活躍は、口蹄疫以来、霧島連山・新燃岳の噴火や高病原性鳥インフルエンザの連続発生など災難続きだった宮崎県にとって久々の明るいニュースとなった。口蹄疫の激震地となった都農、川南町を管轄するJA尾鈴組合長の河野康弘は「口蹄疫で家畜がゼロからの再出発になった地域にとって、他地域と異なる意味がある」と喜びをかみしめた。

五日間に及んだ国内最大の和牛の祭典は、口蹄疫というハンディを克服して史上初の連続日本一を果たすという奇跡的な結末で幕を閉じた。

勝因

口蹄疫からの復興の試金石と位置付けた第一〇回全共長崎大会で連続日本一を達成した宮崎県勢。「言葉に表せない感動をもらった」。大会に同行していた宮崎県畜産課肉用牛担当主幹の三浦博幸も歓喜の輪に加わった。

宮崎市の繁殖農家の長男に生まれ、宮崎大学農学部獣医学科で獣医師資格を取り、行政の立場から畜産をもり立てたいと宮崎県庁を一生の職場に選んだ三浦。二〇一〇年の口蹄疫の発生直後から、次々と判明する感染農場と殺処分する家畜頭数を発表する連夜の会見に臨席、報道対応の矢面に立った。感染を食い止め、宮崎牛をはじめとする家畜たちを一頭でも多く守るためとはいえ、児湯・西都地域を中心に二九万七八〇八頭が犠牲になった現実になすすべもなく、無力感に打ちひしがれた。口蹄疫のダメージをつぶさに把握していた三浦にとって、長崎全共までの道のりの険しさは想像に難くなかった。「これほど宮崎牛を、宮崎の農家を誇らしく思ったことはない」。胸のすく活躍を見せてくれた出品農家や代表牛たちにデジタルカメラを向け、何度も何度もシャッターを押した。

優等首席が全九区分中五区分と過半数を占め、かつ7区（総合評価群、七頭一組＝種牛四、肉牛三）で種牛部の最高賞・内閣総理大臣賞を手にした宮崎牛。口蹄疫のハンディと前回王者の重圧を乗り越えて大会史上初の連覇という金字塔を打ち立てることができたのはなぜか――。ひとつは「プレ全共」という新しい強化策がある。宮崎県は第六回大分全共（一九九二年）まで、種牛か肉牛、あるいはその両方の複数頭で競う7区のような群出品区での首席は皆無だった。とりわけ種牛は、枝肉処理されて審査される肉牛とは違い、生きたままの複数頭のそろいや体調管理、調教技術などの課題を残していた。全共では単品区がいくら強くても、「和牛日本一」に名乗りを挙げるには画竜点睛を欠く。というのも、優等首席の中の頂点に立つ内閣総理大臣賞は、種牛、肉牛部それぞれの群出品区から一つずつ選ばれるのが通例だからだ。

弱点克服のため、全国和牛登録協会宮崎県支部が鳥取大会前年の二〇〇六年に創設したのが宮崎県出品対策共進会。プレ全共という通称は全共の一年前に開催されることに由来する。県、地域レベルで行なわれる従来の共進会が一頭一頭の出来を吟味するのが主流であるのに対し、同じ地域の種牛複数頭の均一性などが問われる本大会の4～6区に特化。本番さながらの緊張感の中で審査をして有力牛を発掘、足りない要素を厳しくチェックし、その後の一年間は登録協会技術員らの手も入って妥協のない調整を続ける。

プレ全共から羽ばたき全共本番で優等首席を取ったのは、鳥取大会の4区（系統雌牛群、一四カ月以上の四頭一組）＝西臼杵地区、5区（繁殖雌牛群、三回以上出産している四頭一組）＝宮崎中央地区、そして長崎大会の4区＝南那珂地区。二大会計六区分のうち半数が全国一位で、林秋廣らがメンバーだった鳥取大会4区の西臼杵は内閣総理大臣賞をつかんでいる。首席以外の三区分も、それに次ぐ二席。プレ全共が大会連覇の素地となったと言える。

そして口蹄疫。宮崎県勢を背水の陣に追い込んだが、出品者らの意識という点ではプラスに作用した。長崎大会閉幕後、牛舎の撤収が進むハウステンボスで林の妻美和子が漏らした言葉が、宮崎県代表団が特別な精神状態にあったことをいみじくも言い表している。「宮崎牛を日本一にするという目標に向かっていく一体感があった。こんなムードは、七つの区分を制した前回鳥取大会でもなかった」。林は自分の3区（若雌、一四〜一七カ月未満）の勝負に集中しつつ、他の牛たちの毛刈りを買って出るなど、これまでの経験を生かして可能な限り県勢のバックアップに回った。5区二席の今村鉄男＝小林市＝は審査から戻ってくる農家を毎回律義に、宮崎県の牛舎前で出迎えねぎらった。自らの審査が終わって牛舎に引き上げてきたときには「（審査場は）雨で入り口が滑る。気を付けて」などと、後に続く仲間に懸命にアドバイスを送る姿が象徴的だった。誰もが日本一を再び奪うためにできること、必要と思ったことを率先してやり、出品農家、スタッフ間の密な意思疎通と情報の共有が徹底されていた。「思いはひとつ。長崎大会はチームで口蹄疫からの復興を形にすることが全てだった」と今村。宮崎県代表団結成当初からチームの結束は揺るぎのないものだった。個人の勝利、名誉のためだけに戦う者はおらず、全員が宮崎を背負って審査に臨み、五日間の大会期間中延べ四八万六〇〇〇人に上った来場者の目に宮崎牛の実力を余すところなく焼き付けた。

次期全共、第一一回宮城大会を見据えた動きは宮崎県内各地で始まっている。長崎全共直後の二〇一二年十一月に告示された都城市長選。新人候補の池田宜永《いけだたかひさ》は急きょ選挙公約に「五年後の全共で日本一獲得を目指す都城牛の取り組みを積極的に支援する」と付け加えた。市町村別で全国一の肉用牛産出額を誇る都城市だが、都城地区としては都城市と圏域を一にする三股町の福永透が9区（去勢肥育牛）で優等首席となったものの、市内からは二大会連続で県代表牛を送り出すことができなかった。「全共に出て結果を挙げ、名実ともに日本一の和牛産地に」という機運の高まりを敏感にくみ取った形だ。当選し市長となった池田は一三年度予算に全共対策として五二八三万円を計上。域内の品評会に出場した優秀な雌牛の購入費を補助するなどし地元保留を後押しする。同年六月には都城市や三股町、地元農協など一〇団体からなる対策協議会も立ち上げた。都城市畜産課長の柚木崎誠は「残された時間は長くない。地域ぐるみでやれることは全てやっていく」と名誉挽回を誓う。

第九回鳥取全共4区で内閣総理大臣賞に輝いた西臼杵地区。しかし、長崎全共では宮崎県予選で南那珂地区に敗れ、この区分で本大会に進むことさえできなかった。県代表となった3、6区も優等2席で、トップは取れなかった。域内に目を移せば、農家の高齢化と後継者不足で母牛頭数が全盛期の三割減の五〇〇〇頭弱まで落ちている状況もある。西臼杵の三つの町の役場、農協関係者、農家らは捲土重来を期し、二年に一回県内から選び抜かれた黒毛和種約六〇頭の中からグランドチャンピオンを決める宮崎県畜産共進会を初めて誘致した。開催は一四年十月。山々が連なり平場が少ない西臼杵三町は適地を持ち合わせず、過去三〇回は開催地に手を挙げること自体見送ってきたが、高千穂町運動公園を会場とする案でクリアした。陸上競技場のトラックに審査場や客席を特設してまで県共進会の舞台を整えるのは「和牛の里」の危機感と本気度の表れ。JA高千穂地区畜産部長の佐藤春男は「県共進会で好成績を出して次期全共に弾みをつけ、地域の和牛熱をさらに高める第一歩としたい」と意気込む。

全共宮城大会の出品区分・条件は一四年一月に決まり、四月には宮崎県や農協、全国和牛登録協会宮崎県支部などで構成する「宮崎県推進協議会」が本格始動する。代表牛選びなどで、チーム宮崎の要となる登録協会県支部業務部長の長友明博は「悪代官」という時代がかかった異名を取る。長崎大会まで五大会連続で全共に関わってきた長友。五年に一度の大会に照準を合わせて宮崎県内の集落をくまなく回り、一頭一頭について全共時にどんな姿に育っているかに思いを巡らすのが第一段階。少しでも光るものを感じたら、飼い主に「日本一になろう」と声を掛けてその気にさせる。しかし県代表牛は三〇頭に満たない。最終的にそのほとんどを落とすことになる。可能性の芽を拾えるだけ拾い、憎まれ役となるのも覚悟のうえで、冷徹にふるいにかけるのが仕事。それが候補牛の層を厚くする。長崎全共でもそのやり方を貫いた。「外れた牛がどれも素晴らしかったから代表牛二八頭が輝いた」。数え切れない農家の無念を真正面から受け止めてきた長友は、連続日本一の訳をそんな逆説的な一言に込める。

三連覇が懸かる次期全共。長友らチーム宮崎にとって二〇一三年九月、負けられない理由がまたひとつ増えた。二〇二〇年東京五輪の開催決定だ。一七年宮城大会も王座を守り抜けば、世界最大のスポーツイベントが開かれるそのときも、羽田、成田空港、東京駅、都内の各地に「和牛日本一　宮崎牛」の看板を掲げ続けることができる。世界に類を見ない極上の霜降り肉として海外からも注目を浴びつつある「ＷＡＧＹＵ」は東京から遠く離れた九州の、その南の端の地方都市・宮崎県が最も優れた産地であることを、押し寄せるさまざまな国籍の人々に存分にアピールできる権利を手にできる。「チャンピオンベルトを巻いていられるか、そうでないかで天と地ほどの差がある。よその県に負けるわけにはいかない」と長友。全共は何度日本一の頂を極めようとも終わりはない。

コラム

宮崎県の農業

宮崎県の農業産出額は二〇〇八年が三二四六億円、〇九年が三〇七三億円でいずれも全国五位に入った。その後、口蹄疫の影響を受け一〇年は二九六〇億円、一一年は二八七四億円で七位に後退。一二年は三〇三六億円に回復したが、順位は変わっていない。

宮崎県は、総面積の八・九％を占める約六万九〇〇〇haの農地のほとんどが生産性の低い火山性土壌で覆われているうえ、台風や集中豪雨など自然災害を受けやすいなど決して農業にとって恵まれた土地とはいえない。しかし、全国トップクラスの快晴日数に象徴される日照時間の長さや温暖な気候を生かして発展してきた。

コメは収穫期が台風と重なることを避けるため、七月には収穫が始まる超早場米をはじめ温暖な気候を生かした早期水稲が盛んで、二〇一一年度は七八九〇haが作付けされた。県北部や中山間地を中心に普通期水稲も一万一一〇〇haで作られており、両方合わせたコメの生産量は九万二九〇〇t。産出額は二二四億円で、県全体の七・八％を占める。

野菜についても気温の高さと日照時間を生かし、冬場のハウス栽培が特徴となっている。特に一一年の出荷量が二万六三〇〇tで全国シェア一八・五％だったピーマンは全国二位、六万一四〇〇tで全国シェア一〇・五％のキュウリは全国一位と有名。二万五〇〇〇tのサトイモも全国シェア一四・六％で、全国一の産地となっている。野菜全体の産出額は同年、六八八億円で県産出額全体の二三・九％となった。

果樹では近年、宮崎県で栽培方法が確立した完熟マンゴーや完熟キンカンが脚光を浴びている。全国トップブランドのマンゴーは〇七年に産出額で温州ミカンを抜いて県産果樹の首位に立ち、宮崎県の果樹のけん引役となっている。果樹全体では一一年、一五二億円を産出しており、県全体に占める割合は五・三％。

最も産出額が大きいのは宮崎牛をはじめとする和牛生産に酪農、養豚、養鶏を加えた畜産で、一一年は一五三九億円。県全体の実に五三・五％を占める。生産頭数、羽数における一二年の全国シェアは肉用牛が全国三位、ブロイラーと豚が全国二位となった。畜種別の産出額は近年、肉用牛が最も多かったが、口蹄疫で生産が落ち込んだこともあり、一一年はブロイラーが四八六億円と最多だった。

第四章 全国の食卓へ

宮崎牛サーロインステーキ
1580円
宮崎県産黒毛和牛
宮崎牛ヒレステーキ
1680円
山形牛
広告の品
和牛モモステーキ用
100g 699円
米国産チルド
牛タンブロック

ダブルパンチ

全国の和牛農家、とりわけ肥育農家は入り口と出口の両方で冬の時代に耐えている。質、量で妥協できない餌代が急騰し、手を掛けた労力、コストの対価となる枝肉価格が下落するというダブルパンチ。二〇〇七、一二年の全国和牛能力共進会を連覇した宮崎牛のつくり手も例外ではない。枝肉価格は格付けの高い肉の落ち込みが顕著で、肉質の良しあしは関係なし、というところに農家の苦悩の深さがある。

ほぼ全量を輸入に頼っている配合飼料の高騰は、バイオエタノール原料として世界でトウモロコシの需要が高まったことが引き金になった。四半期ごとに定められる一t当たりの価格は〇九、一〇年に五万円台前半で推移していたのが、一一年からじわじわ上昇し一二年末には四年半ぶりの六万円台に到達。一三年七～九月期に主産国・米国の干ばつなど世界的な天候不順、急速な円安が相まって史上最高水準の六万七九〇〇円にはね上がった。一〇年前に四万円前後だったことを考えると、農場や個人がどんなに自助努力を重ねてもお手上げ、という次元まできている。

宮崎県内一二農協の肥育牛部会でつくる宮崎牛肥育牛部会（約三〇〇戸）によると、肥育牛一〇〇頭を飼料単価六万七九〇〇円で育成する場合、四万四三〇〇円だった〇六年末と比べ、年間で八六〇万円も餌代がかさむという。部会長で常時九〇頭を養う中武孝幸＝東諸県《ひがしもろかた》郡国富《くにとみ》町＝は「飼料代は削ることのできない経費。どんなに高騰しても一t当たりの国補塡は一万円に届かず、焼け石に水」とため息をつく。

餌代が上がっている分、枝肉が相応に高くならなければ中武らは報われない。しかし肝心の価格は国内の人口減と高齢化、景気悪化、東日本大震災による消費減退や、デフレの影響で低空飛行が続く。宮崎牛の条件を満たした格付けA４等級の去勢牛は〇五年十二月の一kg二三六七円をピークに、〇八年六月に採算ラインといわれる二〇〇〇円を割り込むと、一一年十月に一五〇〇円まで落とした。宮崎牛の平均枝肉重量四五一kgに当てはめれば、一頭当たりで農家への実入りはピーク時より約四〇万円少なくなる計算だ。一〇〇頭出荷すれば約四〇〇〇万円違ってくる。一三年は持ち直し基調にあるが、九月で一九三五円。二〇〇〇円台から遠ざかってはや五年余りが過ぎようとしている。

加えて、和牛づくりに携わる人々の世代交代が進まず、生産現場は大きな曲がり角に差し掛かっている。それを如実に物語るのが、全国競り市での右肩上がりの子牛落札価格。宮崎県内では一三年十一月期の平均価格（五家畜市場、四六三〇頭＝うち九六頭は非売）が五三万七四六七円と前年同月を一〇万円上回る高値を付けた。繁殖農家の高齢化に、東京電力福島第一原発事故も重なり、国内全体の子牛供給量が低下、需要過多となっているためだ。

全国取引頭数は〇九年度に三八万八〇〇〇頭だったのが一二年度は三六万一〇〇〇頭となり、さらに一三年度に入っては毎月、前年同月より五％前後少ない頭数にとどまる。農林水産省が毎年二月一日現在でまとめる繁殖雌牛の飼育頭数も一〇年の六八万三〇〇〇頭から一三年は六一万八〇〇〇頭に落ち込み、生産基盤そのものが脆弱化していることが分かる。同省食肉鶏卵課は「子牛価格が上がれば、チャンスとみる繁殖農家が新たな雌牛を導入し、数年で供給が戻るというのが従来のサイクルだった。しかし高齢化は構造的なもの。これまでのように回復するとは限らない」。数年先が見通せない危機的状況にある。

二〇一〇年の口蹄疫で家畜を殺処分された宮崎県内の畜産農家一二三八戸の再開率が六割で止まって

いるのも、構図は全く同じだ。畜種別で最も多い肉用牛繁殖は小規模の高齢農家がほとんどで、一三年四月現在、再び牛を入れたのは九七〇戸中五六三戸、半数を超えた程度にすぎない。宮崎県実施のアンケートでも、中止を検討している農家（養豚、酪農を含む）の約半数は「高齢化」を理由に挙げており、後継者不足などの課題が口蹄疫を機に露呈しただけともいえる。県内の和牛農家に限ると、一九八〇（昭和五五）年の約三万五〇〇〇戸から二〇一一年は四分の一弱の約八四〇〇戸まで縮小。県畜産新生推進局は「県全体の戸数が減少する中、再開率の大きな伸びは期待できない。今後は生産性向上などによる飼養頭数の確保が重要」とみる。

天井知らずの飼料価格と利益の出ない枝肉価格、高齢農家の離農、鈍化する口蹄疫からの復興ペース――。養豚、酪農も含めた宮崎県畜産に山積する課題を解決するため、宮崎県は一三年三月、①生産性の向上、②生産コストの低減、③販売力の強化、④畜産関連産業の集積――の四分野で具体的な数値目標を設定した「県畜産新生プラン」を策定した。付加価値と収益性に優れた畜産業を構築、出荷頭数や産出額などを増やし農家の安定所得につなげようというものだ。

数値目標は全部で一二項目あり、一項目につき三年後、一〇年後の二通りを並記。一〇年後の目標をピックアップすると、生産性の向上策として子牛出荷頭数増へ「一年一産」の実現、生産コストの低減策で食品残さを原料にするエコフィードの利用拡大などを掲げる。販売力の強化では全国平均より一〇%高い枝肉取引価格を目指すほか、米国を中心に香港、マカオ、タイなどへの輸出を一二年度二〇tの一〇倍に当たる二〇〇tまで拡大。さっそく一三年度はシンガポール向けも再開し、上期だけで三五・五tと幸先よく伸びている。また、特に肉質などで希少価値のある宮崎牛を新ブランドとして定義するなどの戦略を盛り込む一方で、消費ニーズの多様化に対応するため、ヘルシーな赤身肉の研究も進める。

プランを発表した県知事の河野俊嗣《こうのしゅんじ》は「復興は新たなステージに入った。疾病への警戒を怠ることなく、今後もフードビジネスの観点も交えて前向きに畜産の新生に取り組む」と語ったが、その実効性について農家には「考え方は理解できるが、果たして可能なのか」と懐疑的な受け止めもある。

例えば、エコフィードの主体となる焼酎かすは原料や出荷元によって品質が異なる。飼料の微妙な成分の違いが肉質や発育に影響するため、配合飼料の高騰に苦しみ、わらをもすがる思いでいても、使う側は慎重にならざるを得ない。赤身肉も、宮崎牛のバリエーションを広げる選択肢の一つという位置づけだが、生産現場から理解を得られるかどうかは不透明だ。A4等級以上の霜降り肉と赤身肉の価格差は縮まってはいるものの、宮崎県を挙げて推奨してきたサシ（脂肪交雑）の入り具合が依然として価格を決める最大の物差しとなっている現状を考えれば、これまでのやり方を一八〇度転換するのは相当な勇気がいる。疲労の色を濃くしている肥育農家が「赤身でも評価される流通体制を先に示してほしい」と求めるのも無理からぬことだ。新生プランが描く三年後、一〇年後のビジョンがどこまで実像となり、和牛生産の激変期を乗り切る切り札となるかは未知数だ。

宮崎牛にならない宮崎牛

宮崎市の住宅地に、黒みを帯びたタイルに覆われた重厚な七階建てビルが辺りを見下ろすように立つ。JA宮崎グループの本部が入居するJAビルは、農業が右肩下がりとはいえ、ほかにこれといった基幹産業が見当たらない宮崎にあって農協の威信を象徴し続けてきた建物である。その四、五階の二フロアに本部があるＪＡ宮崎経済連（経済連）が宮崎牛の流通を一手に担う。ブランド名「宮崎牛」が経済連の地域商標として特許庁に登録されているからである。

ところで、宮崎牛とは、県内で生産肥育された黒毛和牛で、日本食肉格付協会（格付協会）の格付基準が肉質等級4等級以上の牛肉のことをいう。とはいえ、経済連が扱っていなければ、いくら宮崎県で生産された霜降りの黒毛和牛であったとしても、「宮崎牛」として流通することはない、ということになる。

ここで経済連について少しだけ説明する。二〇一三年度版のパンフレットには、その役割を「組合員が生産する農畜産物の販売や、その生産に欠かせない生産資材および組合員農家の生活に必要な諸資材の購買は営農指導とともに、系統農協事業の根幹である」と位置づける。職員数は四二〇人。金融と保険を除く農協のあらゆる経済事業を手がけ、グループ企業はジュース製造、スーパー、食品加工・開発、育苗、物流、レストランと幅広い。農業系商社と食品メーカーを足して二で割ったようなグループの総取扱高は二一一三億円（二〇一二年度実績）に上る。

経済連グループの多様な事業のなかでも、「宮崎牛」の集荷、加工、販売は重要な柱の一つである。そのビジネスモデルは、宮崎県が家畜改良事業団で種雄牛を一元的に管理・改良することで肉付きが良

ＪＡ宮崎経済連が入る宮崎市のＪＡビル

宮崎県内の
肉用牛関連施設
宮崎県
大分県
熊本県
鹿児島県
高千穂町
高千穂家畜市場
日之影町
五ヶ瀬町
延岡市
延岡家畜市場
諸塚村
門川町
椎葉村
美郷町
日向市
ミヤチク　都農工場
宮崎県家畜改良事業団
西米良種雄牛センター
木城町
川南町
宮崎県畜産試験場
川南支場
家畜改良センター宮崎牧場
西米良村
西都市
都農町
宮崎県家畜改良事業団
高鍋種雄牛センター
小林地域家畜市場
児湯地域家畜市場
高鍋町
えびの市
新富町
小林市
綾町
国富町
ＪＡ宮崎経済連
宮崎県畜産試験場
宮崎県家畜改良事業団
肉用牛産肉能力検定所
高原町
全国和牛登録協会
宮崎県支部
ＪＡ宮崎中央
家畜市場
ミヤチク　本社、高崎工場
宮崎市
宮崎県庁
三股町
都城地域家畜市場
都城一般家畜市場
都城市
日南市
南那珂地域家畜市場
串間市
口蹄疫が発生した地域

くサシが入りやすくなった血統の牛を農協系統農家から安定的に集め、さらにはグループ企業の「ミヤチク」が加工し、指定店に販売して品質を管理するというものだ。宮崎県内では、この方程式で販路を拡大し、ブランドの認知度を高めてきた。

まずは商品である牛の流れをおおまかに見てみよう。県下一二農協の肥育農家は、加入する農協に牛の販売を委託。経済連は各農協と出荷時期を調整したうえで、生後二八カ月程度の牛をミヤチクや県外の解体工場に運ぶ。ここで加工された枝肉はさらに部位ごとのブロック肉となり、ミヤチクやスターゼン、日本ハム、全農といった食肉商社の流通網に乗って消費者のもとに届けられる……と、ここまで書くとシンプルなようだが、牛肉の流通ルートは、長年の商慣習や枝肉生産量の増加にともない多岐に分かれ、非常に複雑でひとくくりにはできなくなっている。

二〇一二年度の実績を例にすると、経済連が扱った宮崎県産牛は約三万七〇〇〇頭。九割が農協から集荷し、残りの一割は農業系商社と非系統農家から集めたものだ。このうち一万九〇〇〇頭がA4等級以上と判定され、ブランドの資格を得ているが、その全てが宮崎牛として流通はしていない。宮崎牛なのに宮崎牛にならない牛肉もあるということなのだ。

経済連扱いの三万七〇〇〇頭の流れをさらに詳しく見てみる。七七％にあたる二万九〇〇〇頭は宮崎県内の都農《つの》町と都城市高崎《たかさき》町の二カ所にあるミヤチクの解体工場で処理され、このうち四四％の一万二〇〇〇頭をミヤチクの販売部門が扱っている。さらにこの六割がブランド認定され、大半が「宮崎牛」として県内外に流通。県内が約三割で、そのほかのほとんどが関西、九州、関東地方の順で県外へ。ちなみに香港、シンガポール、米国などの海外にも輸出しているが、販売シェアは〇・三％にすぎない。

では、ミヤチクで販売しなかった牛肉はどう流通しているのか。前述した通り、食肉商社が独自の流通ルートに乗せているが、ここで宮崎牛にならない宮崎牛が出てくるわけだ。ミヤチクから年間約八〇〇〇頭を仕入れている大手食肉卸売・スターゼンミートプロセッサー取締役の樋田《といだ》博は「宮崎牛ブランドの条件を満たした牛のうち宮崎牛として売られているのは半分くらい。後は独自ブランドをつけられたり、九州産とネーミングされたり、いろいろ変わっている」と話す。

トップブランドを並べただけでも松阪牛（三重県）を頂点に神戸ビーフ（兵庫県）、米沢牛（山形県）、前沢牛（岩手県）、近江牛（滋賀県）、仙台牛（宮城県）、佐賀牛（佐賀県）、飛騨牛（岐阜県）と銘柄はあまたある。一握りのブランドを除いて、全国のスーパーや精肉店のショーケースでは十把一絡げに「国産和牛」として売られているのが現実だ。ブランドの認知度をどう高めてゆくのか。全国和牛能力共進会の連覇を経て、全国とりわけマーケットの大きい首都圏へのセールスが課題になるのは当然の流れだった。

首都圏へ売り込む

「宮崎牛。初めての上場となります」

一日に牛五〇〇〜七〇〇頭が上場する国内最大の枝肉市場・東京都中央卸売市場食肉市場（東京都食肉市場）に競り人のアナウンスが響く。「よろしくお願いします」。宮崎の農協関係者三人が卸売業者のバイヤーらに深々と頭を下げる中、初めて東京に生体出荷された宮崎牛一二頭の枝肉が競りにかけられた。二〇一二年十一月二十日、宮崎牛はブランド力向上を目指し首都圏で新たな一歩を踏み出した。

生体出荷する牛は生きたまま東京都食肉市場に併設された食肉処理場に陸送され、現地で枝肉になる。翌日、枝肉は市場で競りにかけられ、卸売業者らが一頭一頭肉質を確かめながら競り落としていく。宮崎県内で食肉処理する場合に比べ、多くのバイヤーに肉質を直接アピールできるうえ、多様な流通ルートも期待できる。その半面、出荷コストは当然高い。

農協の試算では、東京の場合、輸送費に市場手数料などを加えた経費は一頭当たり約七万七〇〇〇円。県内の食肉処理場に出荷するよりも、生産農家の負担は六万円以上高くなる。これまで東京への生体出荷が敬遠されてきた最大の理由だ。宮崎県が一三年度予算に出荷費用補助を盛り込んだり、ＪＡ宮崎経済連（経済連）が輸送費の一部負担を始めたりしたのは、こうした事情からだ。

東京への生体出荷が行なわれてこなかったもう一つの理由は、首都圏のマーケットの特徴にある。東京都食肉市場は地理的に近い関東周辺や東北地方の牛を主に扱ってきた歴史があり、その影響から首都圏では、松阪牛などの例外を除き関西以西の牛肉へのなじみが薄い。経済連肉用牛課課長補佐の川原浩二は「東北や北関東の産地と、卸売業者や精肉店、飲食店との間には昔からのしっかりとした関係が出来上がっている。東京への生体出荷は、いわば他産地の縄張りに攻め込むようなもの。お金をかけて持って行っても、見合った値段が付くとは限らなかった」と語る。

では、宮崎県外への生体出荷がこれまで全くなかったかというと、そうでもない。経済連は二〇一二年度、三万一五九一頭の黒毛和牛を出荷しているが、およそ四分の一が県外に送られている。しかし県外出荷の大部分は市場ではなく、卸売業者が運営する民間食肉処理場に出荷されたもので、宮崎県内の食肉処理可能量を超えた分を県外業者と競りを通さずに相対取引しているにすぎない。大阪や名古屋など県外の公設食肉市場に生体出荷され、競りに臨んだ牛は計六一八頭だけで、経済連が出荷した黒毛和牛全体の二%ほどしかない。それでもなお、東京への生体出荷を始めたのは、東京都食肉市場の情報発信力に期待しているからだ。

二〇一二年の一年間で東京都食肉市場に生体出荷された牛枝肉は、和牛だけで六万九七八一頭。もちろん全国一だ。宮崎牛一二頭が初めて生体出荷された日も、和牛三七六頭に交雑種や乳用種を加えた計五四八頭の枝肉が上場した。加えて、松阪牛や米沢牛など全国の一流ブランドがしのぎを削る市場である。競りへの参加資格を持つ業者は約二〇〇社にのぼり、目の肥えた仲卸業者のバイヤー五〇人以上が連日、全国各地の銘柄牛を吟味している。

かねてから東京への生体出荷の必要性を訴えてきた宮崎大学農学部教授（動物生理栄養学）の入江正和は、大阪府職員として大阪の食肉市場に通った経験から、「ブランド価値を上げるうえで、卸売業者から精肉店への口コミの力は大きい。首都圏のバイヤーから認められれば、生産地からPRするだけでは得られない効果が期待できる」と意義を語る。経済連の川原も「生体出荷された宮崎牛の落札価格が高い状態で維持されれば、宮崎で食肉処理して出荷されているブロック肉も含め、宮崎牛全体の価格を押し上げてくれるかもしれない」と夢を描く。

東京都食肉市場に生体出荷された宮崎牛を吟味する卸売業者

宮崎から生体出荷されて来た牛を市場

はどう受け止めているのか。初めて送られた県産黒毛和牛一二頭の肉質等級の格付けは去勢五頭、雌一頭がA5、去勢六頭がA4等級でいずれも宮崎牛の条件に適合。このうちA5去勢牛の平均価格（一kg当たり）は二一二三円で、同日のA5去勢和牛全体の平均価格を一三六円上回った。A4去勢六頭の平均も一八八〇円を付け、平均より一四〇円高かった。一〇〇円、二〇〇円をあなどることはできない。牛一頭の枝肉重量は一般的に五〇〇kg前後。生産農家への支払い額は五万円、一〇万円の差になって現れるからだ。その後も宮崎牛は市場平均価格以上で推移。二〇一三年十月末現在、宮崎からの大部分を占めるA4以上の去勢牛については平均より一〇〇~三〇〇円高い位置をキープし続けている。ただ常に三〇〇〇円前後、ときには四〇〇〇円にも達するA5の松阪牛などがいることも付け加えておく。

とはいえ、市場関係者の宮崎牛に対する評価が、他産地に比べ相対的に高いことは紛れもない事実だ。東京都食肉市場でA4以上の黒毛和牛を専門に取り扱う卸売業者・ミヤミート（東京都）社長の宮健一は初出荷から欠かさず宮崎牛を競り落としてきた。「仕入れは肉質本位。銘柄は関係ない」というのが宮のスタンス。販売先である焼き肉店や精肉店に、ことさら産地を強調することはないが、最近「前回のような肉を」と、宮崎牛をリクエストする店が増えているという。宮は「宮崎牛が首都圏で定着することは不可能ではない」としたうえで、前提条件を二つ挙げた。

その一つが物量だ。月一度トラック一台（一二頭）で始まった東京への生体出荷だが、この量では仮に顧客から宮崎牛を求められても、卸売業者が確実に応えることは難しい。仕入れられるかどうかも分からない銘柄牛のために焼き肉店が定番メニューをつくったり、精肉店が販売スペースを割いたりしないという。宮は「卸先が一番気にしているのは『欠品しない銘柄はどこか』ということ。安定して仕入れられない銘柄に固定客は付かない」と断言する。流通業界において、欠品は絶対的なタブーだ。経済連もこうした事情は把握しており、月四回計四台を送り出す態勢を一三年九月に確立。ブランド定着のため市場関係者が「最低ライン」とする量はそろえた。

課題も出てきている。宮が二つ目に掲げた条件の「高い肉質の維持」である。東京へ出荷する牛の大部分は、宮崎市と同市近郊の東諸県郡国富町を管轄するJA宮崎中央が送り出している。同JAは指定配合飼料を使っている農家から東京向けの牛を選ぶことで肉質をそろえてきたが、肥育肉畜販売課長の今井裕二は「管内の肥育頭数では、月二回の出荷が限界」と漏らす。従来からの得意先との関係もあり、優秀な牛全てを東京に送り出すわけにはいかないからだ。そこで月四台態勢となって以降は他地区の農協も生体出荷に加わり、県全体で頭数を確保してきた。

しかし、今のところ、出荷牛選びは各農協担当者の目利きに頼っているのが現状だ。各自の経験をもとに牛の太り具合などから見えない肉質を判断しているが、体重や飼育期間など客観的な基準はない。今後、出荷元や頭数が増えるに従い、個体差や地域差が出てしまう可能性は大いにある。「今、市場で評価されているのは、肉の歩留まりや脂の質が良い牛をそろえられているから。品質がばらつけば、ブランドへの信頼は保てない。どんな牛を選んで持っていくべきか県全体で意識を共有する必要がある」。ほぼ毎回のように東京に牛を送り出してきた今井の言葉は重い。

苦労続きのセールス

二〇一三年十月一日。農協系列の食肉加工販売会社・ミヤチクの福岡営業所に赴任して半年の若手営業マン・黒木伸也は、福岡市内の精肉店で商談を終えると、福岡で宮崎牛を売る難しさを話し始めた。

「福岡は隣県の佐賀牛をはじめ、伊万里牛や地元の博多和牛が根付いている。加えて九州各地から銘柄牛が競うように集まり、『日本一』の看板を持つ宮崎牛も、外様ブランドのひとつとしか見られていない」。宮崎県内で四年間営業に携わってきたが、歓迎ムードの地元と違い、福岡では価格面でのシビアな要求に応えなければ取引すらできない。

福岡での佐賀牛と宮崎牛の店頭価格は、輸送コストの違いもあり、格付け結果が同程度でも、高級部位のサーロインやロース、ヒレ肉だと佐賀牛が一〇〇g当たり三〇〇円ほど安い。「すでに佐賀牛を扱っているところは、相手にしてもらえない。かといって、赤字価格で卸すわけにもいかない」。福岡営業所長の迫田新一郎も、福岡での苦労を明かす。営業所にいる六人のセールスマンは、精肉店や飲食店などそれぞれが抱える十数軒程度の既存の取引先を回り、厳しい価格交渉に時間を割かれる。思うように新規開拓ができていないのが現状だ。

同社の福岡営業所開設は、県外の営業所では東京から二〇年、大阪から一〇年遅れた一九九五年。宮崎県の調査（二〇一二年十二月）で、福岡市内の買い物客三〇〇人を対象に「銘柄牛と聞いて思い浮かべるもの」を三つ回答するよう求めたところ、後発の宮崎牛を挙げたのはわずか六％にすぎなかった。佐賀牛の二九％に比べると、その差は歴然。全国和牛能力共進会で連続日本一に輝いた宮崎牛も県外の一般消費者にはまだまだブランドが浸透していない。

「一〇〇人聞いたら、本当に一〇〇人とも知らない。まさにゼロからのスタートだった」。ブランド牛としての宮崎牛が産声を上げた一九八六（昭和六一）年当時のミヤチク東京事務所長・東常文は振り返る。東が東京に赴任したのは、昭和五〇年代半ば。ミヤチクの前身である宮崎県畜産公社が初の県外営業所として一九七四（昭和四九）年、神奈川県川崎市に東京事務所を設立して間もないころだった。東京事務所は、七二年に稼働した児湯郡都農町の食肉処理場で加工され、就航したばかりのカーフェリーで川崎港まで運ばれた牛肉や豚肉のブロック肉を首都圏に流通させる目的で開設。県外営業のノウハウなど全くないなかで、生産拡大を続けていた県産牛肉の新たな販売ルート開拓を課せられていた。大手食肉卸売業者と取引のある大型店を避けるように、小さな精肉店を営業マンが一軒一軒回るのが当時の営業スタイル。定休日の水曜日も休日返上し、事務所総出で集中営業したが、ターゲットに絞った地域内で一〇〇を超える店を職員五、六人がしらみつぶしにしても成果が得られなかった。当時からブランド牛といえば松阪牛や米沢牛、神戸ビーフで、その他大勢にすぎない宮崎牛など見向きもされないのが首都圏の現実だった。「肉質では決して負けていないのに、無名な宮崎牛はにべもなく断られるか、値切られるだけ。悔やしい思いをずいぶんしてきた」

　東京での風向きがやや変わったのは、大相撲優勝力士への宮崎牛贈呈が始まってから。東は「立ち上がったばかりの宮崎牛に、『物語』という武器ができた。劇的に取引先が増えたわけではないが、少なくとも話を聞いてもらえるようになった」と効果を感じ取った。現場の手応えもあり、プロスポーツ選手に宮崎牛を贈るPR方法が徐々に拡大していく。最近では国内外のトッププロゴルファーが参戦するダンロップ・フェニックス・トーナメント（宮崎市）でも優勝者に宮崎牛一頭分を贈っ

東京都内の精肉店に並んだ宮崎牛。しかし、これは希なケースだ

ている。ちなみに二〇一二、一三年に連覇したルーク・ドナルドは、自身のフェイスブックで宮崎牛を「World famous beef!（世界的に有名な牛肉）」と称賛している。

事務所こそ移転したものの、現在もミヤチク東京営業所は肉類などの冷蔵保管庫を備えた物流会社が集積する川崎市にある。スタッフは計七人。口蹄疫による出荷量減少にともなって失った取引先を取り戻すため、東の時代ほどではないが精肉店やスーパーへの飛び込み営業もする。現在の東京営業所長・安藤誠基は「いまや食肉業界のほぼ全てが宮崎牛のことを知ってくれている。口蹄疫からの復活、全国和牛能力共進会（全共）連覇など営業の材料も豊富にある。昔に比べれば恵まれている」と先人たちの苦労に思いをはせる。全共連覇以降メディアへの登場が増えた影響からか、月に数件は「宮崎牛を扱いたい」という問い合わせもあるという。一方で、小売店では今も多くの場合、松阪牛や米沢牛の隣で「国産黒毛和牛」「九州産黒毛和牛」などとして販売されているのが宮崎牛の現実でもある。安藤は「銘柄として売れなければ、結局は価格競争になってしまう。いかに宮崎牛として売ってもらうか。それが私たち現在の営業マンに課せられた使命だ」と語った。

各地の営業マンが地道に販路を切り開く中、ミヤチクは二〇〇一年末に宮崎市内でオープンさせた「宮崎牛鉄板焼ステーキハウス　ミヤチク」を皮切りに、直営ステーキ店も展開している。二号店にあたる「銀座みやちく」（現・銀座不二家みやちく）は、老舗百貨店や高級ブティックが並ぶ東京・銀座に〇四年秋オープン。鉄板焼は最も安いコースでも一万三二〇〇円と高価だが、接待目的のビジネスマンや銀座ならではの富裕客で連日にぎわいを見せる。〇六年の「大淀河畔みやちく」（宮崎市）、〇八年の「博多みやちく」（福岡市・中洲）も含めたステーキ店四店舗は、ブランド価値を高めるうえで重要な拠点として位置づけられている。

その店舗では、焼き上げたステーキが冷めないよう、かといって余熱で火が通りすぎないよう、鉄板に置いたパンの上に肉を並べて客に提供する。肉のうま味をたっぷり吸ったパンも好評を得ているが、このスタイルの手本となったのが、大阪府堺市に本店を置く老舗高級ステーキ店「南海グリル」だ。ミヤチクは宮崎市内に一号店をオープンさせる際、三人の料理人を南海グリルに派遣して研修を受けさせ、メニューや店の内装についても指導を仰いでいる。

南海グリルは一九五二（昭和二七）年創業。堺市のほか大阪市、高石市に計八店舗のレストランや精肉店を持ち、毎月延べ二万人を集客する。宮崎県外二一都道府県に五五店舗ある宮崎牛指定レストランのひとつだ。以前は銘柄を指定せず質の良い肉を仕入れていたが、八八年に宮崎牛へと舵を切った。当時の仕入れ先だった全国農業協同組合連合会（全農）担当者から紹介されたのがきっかけだった。宮崎県出身の担当者や、県産農産物販売を束ねる宮崎県経済連（経済連）の計らいで、当時の南海グリル社長・西浦博章と宮崎県知事・松形祐堯《すけたか》が県庁で会談。一代で会社を築いた西浦が、立ち上げたばかりの宮崎牛を「日本一にしたい」と熱く語る松形に共感し、神戸ビーフや近江牛、松阪牛などの有名ブランドがひしめく関西で、無名の牛肉にかけると決意した。意気投合した二人はその後も交流。松形が大阪出張に赴くときには西浦を訪ね、西浦も松形が知事選に臨む際には大阪から決起大会に駆け付けた。顔を合わせれば「どうすれば宮崎牛を日本一にできるのか」と語り合った。

地元テレビ番組などでたびたび取り上げられる老舗の影響は大きく、指定店に切り替えて以降、堺市のスーパーでも宮崎牛を取り扱う店が登場。二〇一三年現在、大阪の宮崎牛指定レストランは一五、指定精肉店は三一を数え、いずれも東京のほぼ三倍となっている。納入するミヤチク常務・畑中修は「東京と大阪の違いは、南海グリルがあったかどうかの違いだ」と関西地区での存在の大きさを表現する。

銀座や博多にステーキ店をオープンさせたミヤチクが、大阪に進出していないのは、南海グリルへの恩義を守っているからだ。

あまり知られていないが、十一月二十九日を「いい肉の日」として提唱したのも、実は宮崎牛の関係者である。今では各地のブランド牛はもちろん、大手焼き肉チェーンやファストフードチェーンもキャンペーンに利用する語呂合わせ記念日だが、二〇〇四年に「より良き宮崎牛づくり対策協議会」が日本記念日協会に登録した正真正銘宮崎生まれの記念日である。

アイデアは〇三年末、協議会とは無縁の宮崎市在住の湯浅利彦からもたらされた。〇一年の牛海綿状脳症（ＢＳＥ）国内発生を受け、宮崎牛をはじめ全国の銘柄牛が風評被害に苦しんでいた時期のこと。協議会事務局である経済連を訪ねた湯浅は、「安心・安全な『いい肉』をアピールするため、十一月二十九日を記念日にしたらどうか」と熱心に提案した。湯浅は元橋梁メーカーの社員で八月四日を「橋の日」として宮崎から全国に発信し、地元メディアでたびたび紹介されている人物だ。あまりに簡単な語呂合わせだったため、担当職員らは当初あっけにとられたが、「いい肉の日」が未登録であることを知って賛同。〇四年五月の記念日正式登録までトントン拍子で話は進んだ。

その効果は協議会の期待を大きく上回った。飲食店を巻き込んでキャンペーンを打てば忘年会の需要を取り込みやすくなるし、小売店と協力すればお歳暮向け高級ギフトの売上増にもつながる。しかし何より大きかったのは、「『いい肉の日』は、もともと宮崎牛から始まった」というエピソードが得られたことだ。同協議会事務局によると、毎年十一月二十九日が近づくと、県内外のメディア各社から問い合わせが相次ぐという。ちなみに日本記念日協会への登録にかかった費用は約五万円だった。

ライバル

消費拡大を目指して努力しているのは他産地のブランド牛も同じだ。人口の減少や高齢化により国内での牛肉需要が減り続ける中、ライバル同士の競争は激しさを増す。

食肉に関する情報を消費者に提供している公益財団法人日本食肉消費総合センター（東京都）の銘柄牛肉データベースに登録された牛は、全都道府県で計二三七銘柄（二〇一三年末現在）。黒毛和牛に限っても、実に一五九もの銘柄が存在している。別のデータもある。食肉業界の専門紙「食肉通信」が毎年一回発行している銘柄牛肉ハンドブックの一三年版は、三三一銘柄を掲載。〇三年の一八九銘柄から大きく増やしている。いずれも任意掲載であるため、実際の銘柄数や増減とは必ずしも一致しないが、「ブランドは増え続けている」というのが食肉業界の共通認識だ。

なぜ増え続けるのか。第一章でも触れたように、国内銘柄牛は昭和四〇～五〇年代の高度経済成長や、一九九一年の牛肉輸入自由化前後のタイミングで増やしてきた。これに加え近年では、国内で牛海綿状脳症（ＢＳＥ）が発生した二〇〇一年以降、肉質だけではなく安全性も売りにしたブランド化が加速。ＢＳＥによって消費者の牛肉に対する安心・安全意識は飛躍的に高まり、出生地や与えた餌、衛生管理などを統一しブランド情報として発信する必要に迫られた。

肥育農家の大規模化にともない、法人単位でのブランド化も多く見られるようになっている。宮崎県内では、「幻の…」の枕ことばで形容されることもある「尾崎牛」（宮崎市）のほか、長期熟成肉という新たな潮流も取り入れた「パイン牛」（宮崎市）、赤身のうまみにこだわった「ＥＭＯ《エモー》牛」（西都市）などの黒毛和牛がそれに当たる。

あまたの銘柄牛の中で、牛肉の生産や流通に携わる者が特別視するのが、三重県松阪地方で古くから飼育されてきたトップブランド松阪牛だ。二〇一二年度に出荷された五八四九頭のうち、二〇一二頭が東京都食肉市場へ生体出荷された。肉質が5等級と格付けされた松阪牛の平均価格は雌で一kg当たり三〇〇八円。同市場でA5等級の格付けを受けた雌牛の平均価格は二〇一四円、宮崎牛のA5等級の月平均価格は二二〇〇円前後であるのを見ても、ほかのブランドと圧倒的な実力差があるのが分かる。年に一度松阪市で行なわれる松阪肉牛共進会で最高賞に輝いた牛は一頭数千万円が当たり前。バブル景気のさなかだった一九八九年には一頭約五〇〇〇万円を付けたこともある。牛肉の世界で絶対王者として君臨し続ける松阪牛とは、そもそもどんなブランドなのだろうか。

歴史は江戸時代までさかのぼる。三重県松阪地方では古くから農作業用の役牛として、黒毛和牛の血統のルーツでもある兵庫県北部・但馬地方産の子牛を導入していた。但馬の雌牛は小柄で小回りが効き、温厚なことから重宝されたという。時代が明治に移り牛肉の食用が広まると、農耕に三、四年使った牛を一年間肥育し直した「太牛《ふとうし》」の供給がスタート。一八七二（明治五）年からは、集めた牛を徒歩で東京まで連れて行く「牛追い道中」が始まり、その味は多くの東京在住者に認められることとなる。首都圏の卸売業者や市場関係者が、松阪牛について「ほかの牛とは歴史が違う」と話すのはこのためだ。

現在の松阪牛には「松阪牛」と「特産松阪牛」の二種類が存在する。どちらも松阪市役所に事務局を置く松阪牛協議会が認める正真正銘の松阪牛だが定義が少し異なる。同協議会の定義によると、「松阪牛」の方は概ね以下のようになる。

【生産区域】 三重県中央部、出雲川と宮川流域の松阪市周辺旧二二市町村（二〇〇四年十一月一日現在

の自治体の枠組み）
【対象牛】生産区域への導入から出荷までをデータ管理する「松阪牛個体識別管理システム」に登録された黒毛和種未経産の雌牛
【肥育期間など】生産区域での肥育期間が最長・最終のもの。ただし、肉質等級は限定しない。（二〇一六年四月一日以降の導入牛については月齢一二カ月までに生産地域に持ち込み、出荷まで地域内で育てたもの）

「松阪牛」には子牛の産地に条件がなく、宮崎県産の子牛も多い。一二年度新たに導入された子牛約七〇〇〇頭のうち二〇〇〇頭を占めた。しかし、「特産松阪牛」を名乗るには、①子牛が但馬、淡路を主産地とする兵庫県産、②生後約八カ月で導入した子牛を生産区域で九〇〇日以上肥育したもの……、の二つの条件がさらに加わる。昔ながらの松阪牛としての条件を満たす出荷頭数は二〇一二年度わずか二二一頭。松阪牛全体の五％にも満たない。

松阪牛といえば、ビールを与えることでも知られる。とはいっても、餌に混ぜて与えるのではない。瓶ビールなどの注ぎ口を牛にくわえさせて、文字通り飲ませるのだ。牛は鼻息を荒らげながら、約六〇〇ml入りの大瓶一本を一分程度で飲み干

食欲増進のため瓶ビールを飲み干す特産松阪牛＝三重県松阪市

す。生後三六カ月を超えたころから食が細る牛に対し、夏場の食欲増進のために生み出された知恵で、多い牛では出荷までに一〇〇本近く飲むこともあるという。全ての松阪牛がビールを飲んで育つわけではなく、生育期間が長い「特産松阪牛」ならではの肥育方法である。

ところで、宮崎牛との間にこんなエピソードもある。宮崎牛が全国和牛能力共進会で初めて内閣総理大臣賞を受賞した〇七年十月、宮崎県知事の東国原《ひがしこくばる》英夫は喜びのあまり記者会見で「対決図式をつくってもいい。松阪牛、かかってきなさいという感じ」と挑発。これに対し三重県知事の野呂昭彦は記者会見で「全共は効率的な生産技術や和牛の遺伝子的な能力を競うもの。雌牛を未経産で肥育する松阪牛は出品対象外。勘違いされているのでは？」と苦笑いし、「（子牛購入先である）宮崎牛の好成績は三重にとってもありがたい」と大人の対応で返している。

東京都食肉市場において他を寄せ付けない高値を付ける松阪牛ではあるが、産地では危機感も募り始めている。「脂の質や白さなど、よその牛に比べ昔はずいぶん前を走っていたが、今はほとんど並ばれてしまった」。「特産松阪牛」を専門に生産し、松阪肉牛共進会でも最高賞を三度獲得した松阪市飯南町の名人肥育農家・栃木治郎は現状を嘆く。一七歳から松阪牛に接し、八一歳を迎えた栃木がそう考える理由は極めて明確だ。血統と餌の画一化である。

各産地がサシが多く入る但馬産の牛を使って血統造成を進めた結果、宮崎牛を含め国内の黒毛和牛のほぼ全てが但馬牛由来となっている。「昭和四〇年代ごろまでは、顔を見ただけでどこの牛か分かったが、今はほとんど変わらない」という栃木の言葉には説得力がこもる。さらに、昭和五〇年代まで松阪地方で当たり前だった大豆やワラを煮て柔らかくした餌も、他産地と同様、栄養効率の高い配合飼料に置き換わった。「同じ素質を持った牛に同じ餌。そこから一歩出ようと思ってもなかなか出られない。

このままあぐらをかいていては、いつか抜き去られてしまう」。栃木の不安を駆り立てるのは、宮崎牛をはじめ猛烈な勢いで追い上げ続ける他産地の銘柄牛にほかならない。

松阪牛と並び、「三大和牛」と称されるのは、諸説あるものの兵庫県の神戸ビーフ（神戸肉、神戸牛）、滋賀県の近江牛、山形県の米沢牛だ。いずれも明治初期ごろまでには肉用として知られるようになった老舗ブランドで、その存在感は他銘柄とは一線を画す。

神戸ビーフは、兵庫県但馬地方で生まれ、同県内で育った未経産牛・去勢牛のうち、脂肪交雑基準（BMS＝Beef Marbling Standard ビーフ・マーブリング・スタンダード）が一二段階中6以上のものを指す。枝肉重量にも制限があるなど、定義の厳格さは銘柄牛肉のなかでも有数だ。幕末期、牛の飼育が盛んだった関西方面の肉を神戸港経由で横浜の外国人に送ったところ評判となり、積み出し港の名前がブランドとなったとされる。現在は首都圏と関西で主に流通しており、特に京阪神でのブランド価値は松阪牛をもしのぐ。地元神戸市場での平均枝肉価格は二〇一二年度、一kg当たり三〇二二円（5等級）。米国のオバマ大統領が〇九年に訪日する際、「神戸ビーフとマグロが食べたい」とリクエストしたエピソードが物語るように、米国では和牛の代名詞のような存在でもある。

近江牛は江戸時代に将軍家に贈られた記録が多数残されており、最も古い銘柄牛とされる。明治から昭和にかけては、近江牛を扱うすき焼き屋「松喜屋」が宮内庁御用達となるなど、松阪牛が台頭する昭和の初めごろまで、東京ではトップブランドとして君臨した。現在でも地元滋賀県以外の出荷先は、地理的に近い関西の大都市ではなく東京が中心だ。地元市場での一一年度の枝肉平均価格は一kg当たり二三六三円（去勢A5等級）。ブランドの定義には「豊かな自然環境と水に恵まれた滋賀県内で最も長く飼育された黒毛和種」とだけ記されており、宮崎県産の子牛も多く導入されている。

国内のブランド黒毛和牛

159銘柄　日本食肉消費総合センターの銘柄牛肉データベース登録分

2013年末現在・推進主体所在地別

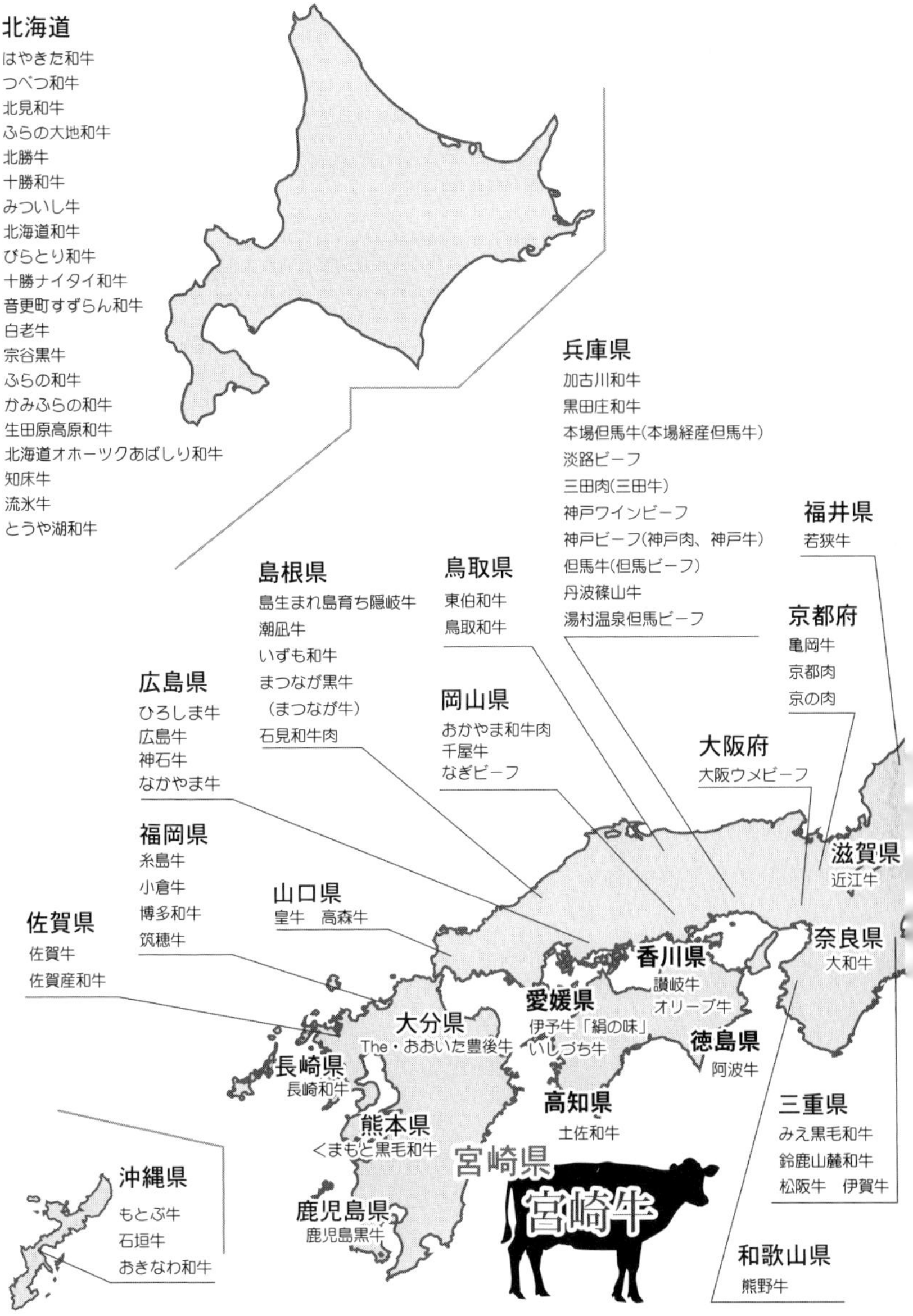
北海道
はやきた和牛
つべつ和牛
北見和牛
ふらの大地和牛
北勝牛
十勝和牛
みついし牛
北海道和牛
びらとり和牛
十勝ナイタイ和牛
音更町すずらん和牛
白老牛
宗谷黒牛
ふらの和牛
かみふらの和牛
生田原高原和牛
北海道オホーツクあばしり和牛
知床牛
流氷牛
とうや湖和牛
兵庫県
加古川和牛
黒田庄和牛
本場但馬牛(本場経産但馬牛)
淡路ビーフ
三田肉(三田牛)
神戸ワインビーフ
神戸ビーフ(神戸肉、神戸牛)
但馬牛(但馬ビーフ)
丹波篠山牛
湯村温泉但馬ビーフ
福井県
若狭牛
島根県
島生まれ島育ち隠岐牛
潮凪牛
いずも和牛
まつなが黒牛
(まつなが牛)
石見和牛肉
鳥取県
東伯和牛
鳥取和牛
京都府
亀岡牛
京都肉
京の肉
広島県
ひろしま牛
広島牛
神石牛
なかやま牛
岡山県
おかやま和牛肉
千屋牛
なぎビーフ
大阪府
大阪ウメビーフ
福岡県
糸島牛
小倉牛
博多和牛
筑穂牛
山口県
皇牛　高森牛
滋賀県
近江牛
佐賀県
佐賀牛
佐賀産和牛
香川県
讃岐牛
オリーブ牛
奈良県
大和牛
愛媛県
伊予牛「絹の味」
いしづち牛
大分県
The・おおいた豊後牛
徳島県
阿波牛
長崎県
長崎和牛
高知県
土佐和牛
三重県
みえ黒毛和牛
鈴鹿山麓和牛
松阪牛　伊賀牛
熊本県
くまもと黒毛和牛
宮崎県
宮崎牛
沖縄県
もとぶ牛
石垣牛
おきなわ和牛
鹿児島県
鹿児島黒牛
和歌山県
熊野牛

東日本の雄・米沢牛は明治時代初頭、上杉藩で英語を教えていた英国人が、任を終えて横浜の外国人居留地に戻る際、米沢の牛を連れ帰り仲間に食べさせたことから評判が広まったとされる。今でも横浜では米沢牛が人気だという。年間二五〇〇頭前後の出荷頭数のうち二〇〇〇頭ほどが地元向けで、県内消費も多い。出荷された枝肉全体の平均価格は一二年度、二三五五円だった。現在の定義では、山形県米沢市近郊の置賜地方三市五町で一八カ月以上飼育された未経産雌牛・去勢牛で、生後三〇カ月以上かつ肉質4等級以上（三二カ月以上は3等級も可）であることが定められている。飼育される子牛の一部には宮崎で生まれた牛もいる。

ここまでを国内銘柄牛の先頭集団とするならば、岩手県の前沢牛や岐阜県の飛騨牛は後続グループのリーダーといったところだろうか。前沢牛の名が世間に広まったのは、東京都中央卸売市場食肉市場（東京都食肉市場）で年一回開催される国内最大の枝肉コンクール・全国肉用牛枝肉共励会で、一九八四（昭和五九）年から四年連続日本一となったことがきっかけだった。岩手県奥州市前沢区というごく限られた地域で育った黒毛和牛のうち、肉質4等級以上という条件があるため、生産頭数は年間一〇〇〇頭前後。ほとんどが東京に出荷され、5等級の枝肉は一kg当たり二七〇〇円前後で取引されている。

飛騨牛は地元消費が多いことで有名。年間に生産される約一万一〇〇〇頭のうち、約一万頭が岐阜県内で県民や観光客によって消費されている。観光地の飛騨高山に軒を連ねる飲食店にはステーキや焼き肉のほか、肉まんやカレーなど飛騨牛を使った庶民的なメニューが並ぶ。岐阜県内で一四カ月以上飼育した肉質3等級以上の黒毛和牛であることが定義となっており、東京都食肉市場での平均枝肉価格はA5等級去勢牛で二二〇〇円と、宮崎牛と近い価格で取引されている。

宮崎牛と同じ九州勢も粒ぞろいだ。佐賀牛は、ブランド化で宮崎牛よりも四年遅れたが、関西方面や福岡県で浸透。県外に開拓した精肉店や焼き肉店などの指定取扱店は宮崎牛の一九〇に対し、六六八を数える。東京へも毎月一二〇頭を生体出荷しており、「新興ブランドながら、近江など有名ブランドに一歩も引かない戦いをしてきた」と市場関係者の評価も高い。ブランドの定義は、佐賀県内で育てられ一二段階の脂肪交雑基準（ＢＭＳ）が7以上であること。宮崎の和牛繁殖農家にとっては、毎年二〇〇〇頭以上を購入してくれる上客でもある。鹿児島黒牛は黒毛和牛生産量日本一の鹿児島県が、宮崎牛と同じ一九八六（昭和六一）年に世に送り出した銘柄牛だ。鹿児島県内で肥育された未経産、去勢の黒毛和牛が定義。出荷頭数は年間三万頭と他の追随を許さないが、決して量だけのブランドではない。肉質も秀でており、最近は東京都食肉市場の全国肉用牛枝肉共励会で数々の賞を獲得している。

地産地消

総務省統計局がまとめた品目別家計調査ランキング（都道府県庁所在地・政令指定都市）によると、宮崎市の生鮮鶏肉購入量（二〇一〇～一二年の年間平均）は五一都市の中で一位。年間一八・九六三kgの消費量は全国平均よりも五kgほど重い。そんな宮崎県の郷土料理といえば全国区の味になったチキン南蛮と地鶏の炭火焼きが代表格だ。繁華街では鶏料理の専門店が軒を並べ、家庭でもソウルフードとして親しまれる。ブロイラーの年間出荷羽数全国二位を誇る宮崎は消費量も全国トップクラスなのだ。

では、牛肉の方はというと、肉用牛の出荷頭数は年間二五万頭で北海道、鹿児島県に次いで全国三位なのだが、総務省の同様の調査による宮崎市民の生鮮牛肉購入量は二六位の七・〇四七kgとあまりふるわない。ちなみに豚肉は一八・三八一kgでこちらは二〇位。どちらも鶏のように「地産地消」とはいえない状況にある。

逆に牛肉購入量のトップテンには、一位の堺市のほか、奈良、京都、大阪、和歌山、大津、神戸市の関西地方の都市がずらりと並ぶ。霜降り黒毛和牛の発祥の地である兵庫県但馬地方を背後に控えて肥育技術が先進的に発達し、神戸ビーフ、近江牛など老舗ブランドを誇る関西地方は食の方でも歴史の積み重ねが違う。

宮崎牛がブランド化される以前の宮崎県では、県民の大半が上質の地元産和牛を食べることさえできなかった。一九六九（昭和四四）年二月一一日付の宮崎日日新聞の記事を見ると、当時の宮崎県で一年間に生産された子牛四万七〇〇〇頭の六割は松阪牛の三重県など県外へ出荷、残りの一万七〇〇〇頭が県内で肥育されている。県内で肥育された牛のうち宮崎県内で消費に回るのは三分の一で、精肉店のケースに並ぶ大半は安価な「中」以下のクラスだった。記事では「宮崎の牛肉はかたいといった声も聞きますが、消費能力がないから特上肉は出ず、そういった印象を与えるわけ」という食肉組合長の話を紹介している。

昭和四〇年代の宮崎は新婚旅行客を中心とした空前の観光ブームに湧いていたが、市内の高級レストランや料亭では神戸ビーフや松阪牛を逆移入し、すき焼きなどの料理を客に提供していた。その後、悲願だった一九八六年のブランド化を経て、県内で販売する銘柄牛のほとんどが「宮崎牛」となった現状と比較するとまさに隔世の感がある。

宮崎市の老舗百貨店「宮崎山形屋」の地下食品売り場にある食肉コーナーでも現在販売している牛肉の九割は宮崎牛である。人気のヒレ、モモのほかサーロイン、リブロース、肩ロースなど三〇種類の商品がショーケースに飾られる。主な顧客は子育てを卒業し、経済的にゆとりができた五〇～六〇代の主婦。売り場の店長によると、A5等級の肉の価格が「中の上くらい」の部位が人気で、三～四割はギフト用という。店長は「米沢牛はないの、松坂牛はないのなんて聞くお客さんはいない。宮崎牛がきちんと地元のブランドとして認められている」と言う。ただし、山形屋の客層は宮崎県では例外の部類に入るのかもしれない。全国でも最低ランクの県民所得に象徴される低い購買力は昭和の時代も今も変わらない。格安のオーストラリア、米国産が市場に氾濫する中、黒毛和牛で肉質4等級以上の高級食材である宮崎牛となると、地産地消のハードルは高くなる。

宮崎市の精肉販売「新垣《しんがき》ミート」が販売する牛肉の売り上げのうち、宮崎牛は約二割。あとは他の黒毛和牛やホルスタイン、交雑種などを含めた国産牛と輸入牛が八割となる。専務の新垣幸洋は「安い価格帯でないと宮崎では売れない。価格帯だけで消費は動いている」とみる。焼き肉用であれば、輸入で一〇〇g一〇〇～三〇〇円、国産牛は二〇〇～四〇〇円ほど。これに対して宮崎牛だと肉のカットを工夫してコストをぎりぎり下げても店頭ではモモやバラの部位を底辺に四〇〇円以上になる。サーロイン、ヒレの高級部位ともなると、一五〇〇円から二〇〇〇円の値を付けないと採算がとれない。さらにA5等級以上になれば「価格帯を超えて日常化しない商材になってしまう。スーパーが売るチャンピオン牛は採算度外視で客寄せとして使っている」と断言する。

ただ、宮崎県民の宮崎牛に対する高い評価は年末になると具体的な数字をともなって実感できる。歳暮商戦や年始用の食材として四割強にまでぐっと伸びてくるからだ。「消費者は宮崎牛を食べたがっている。おいしいというのは分かっている」。その一方で、高い価格であっても消費者が購買を決断するに至るには、松阪牛などのトップ銘柄と比べると、まだまだブランド力に大きな差があるとも感じている。

では、ブランド力とは一体何なのか。宮崎牛の認知度は宮崎県民の九四・八％（二〇一一年、宮崎県調べ）に浸透している。だが、「宮崎牛とは宮崎で生まれた牛くらいに思っていて、肉質4等級以上という定義だけでなく、黒毛和種が和牛ということさえ知らない県民がほとんど」と宮崎市内の郷土料理店「杉の子」女将の前田省子《しょうこ》は受け止める。

同店を訪れた県外客が宮崎牛のメニューを注文する際、接待などで同行した地元客に薦められて注文するケースが多いという。ところが、全国四七都道府県全てにブランド牛が存在し、どの県にもご当地自慢の牛肉がある時代だというのに、肝心の宮崎県民が宮崎牛とは何かということを知らない。前田は「これでは宮崎牛の本当のありがたみが伝わらない。まずは消費者に届くまでの工程を、まず県民が知ること。その口コミで高い価格であっても値段相応どころか逆にリーズナブルな商品としての良さが伝わり、本物のブランドに育ってゆく」と話す。

霜降り信仰

脂肪が赤身（筋肉）の間に網の目のように入った肉を霜降り肉という。畜産用語では脂肪交雑と表現され、その脂肪は「サシ」と呼ばれる。

世界中の牛肉のなかでも、サシが最も入りやすいといわれている黒毛和牛。しゃぶしゃぶやステーキ、すき焼きなどにして口にすると脂肪分が溶け、まろやかになる。脂肪そのものの甘さも加わった奥行きの深い味わいは全国の美食家を魅了してきた。霜降り肉イコール高級という図式がメディアでさらに拡散されて半ば神話となり、ほとんどのブランド黒毛和牛も高い脂肪交雑率を競って売りにしてきた。

宮崎県の畜産業界でも、子牛を育てる「繁殖」に加え、食肉として出荷する「肥育」が全県へ本格導入された昭和四〇年代半ばには霜降り肉志向が定着。牛の脂肪交雑に大きな影響を及ぼす血統の面では、宮崎県家畜改良事業団が一九七三（昭和四八）年に種雄牛を一元管理し始めた当初から、肉付きとともにサシの入りが重視され、その方向性は現在に至るまで一貫し続けている。

行政や生産団体、農家が一体となって霜降りを目指す理由は明快だ。ずばり脂肪交雑が枝肉価格を大きく左右してきたからである。市場の取引で、価格決定の根拠となる日本食肉格付協会の枝肉取引規格いわゆる格付けは脂肪交雑が重要な判定材料になる。ほとんどの和牛肥育農家はこの協会格付けの最上位ランク「A5」を目指して飼料の配合や牛舎などの環境づくりに心血を注いできた。

第一〇回全国和牛能力共進会長崎大会の9区（去勢肥育牛）でチャンピオンになった北諸県《きたもろかた》郡三股《みまた》町の肥育農家福永透の牛は、通常の出荷月齢より五〜六カ月若かったものの、枝肉の脂肪交雑基準（BMS）が一二段階で最高値の12を記録。見事な霜降り肉を生み出した福永は大会を振り返り、「餌の量や配分の切り替えに細心の注意を払い、ストレスを与えない環境を心掛けた。各区分の出品者が審査で問

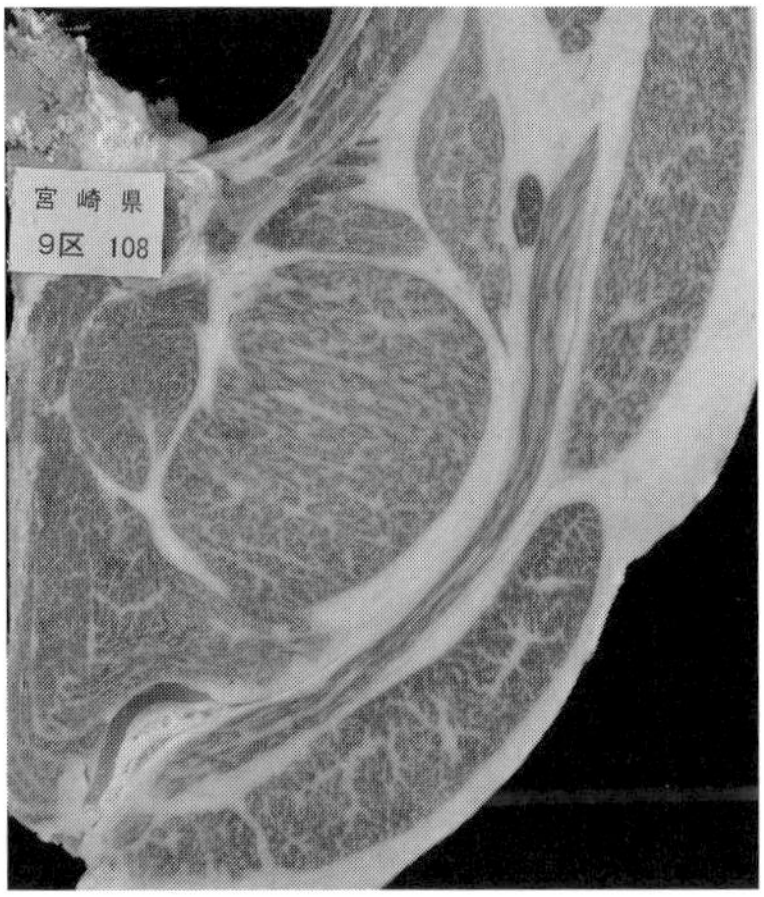

第10回全国和牛能力共進会付の肉牛部門9区（去勢肥育牛）で優等首席を獲得した「末勝」の枝肉。BMS12の枝肉にはきめ細かなサシがびっしり入っている

われるポイントを頭に置きながら牛の状態に心を配り、一日も気を抜かず情熱を傾けたことが最高の結果につながった」と語った。

ここで、A5～1、B5～1、C5～1まで一五段階に分かれている協会の格付けについて詳しく紹介したい。A、B、Cは平たくいえば、一頭の牛からどれだけ商品となる肉がとれるのかを示す肉付きの指標で「歩留等級」という。Aが最も歩留まりが良く、さらにB、Cと続く。5から1までに区分される「肉質等級」は肉や脂肪の色や締まり、きめ細やかさと脂肪交雑が細かく評価される。

特に脂肪交雑はBMS基準に基づいて、最も多い「12」から最小の「1」までの一二段階で細かく評価。このうち12～8の「かなり（脂肪交雑が）多いもの」が肉質等級の5等級、「やや多いもの」の7～5が4等級、「標準のもの」の4～3が3等級などと続く。

この二つの等級の組み合わせで、「A5」を頂点とする序列を決定する格付けシステムは、一九八八（昭和六三）年から導入された。それ以前は「特選」「極」「上」「中」「並」「等外」の六段階。歩留まりと肉質を切り離しただけでなく、脂肪交雑を五段階からBMSの一二段階評価に細分化した背景には、その三年後に迫った牛肉の輸入自由化を控え、霜降り肉に優れた黒毛和牛への配慮があったともいわれる。

現在、格付判定は全国の食肉処理場や卸売市場一二八カ所で行なわれ、国産牛の八四％（二〇一一年度）が評価を受ける。宮崎県でも八人の正職員と一一人の委託職員を七つの食肉工場に格付員として配置。「宮崎牛」の地域商標登録者であるJA宮崎経済連（経済連）が二〇一二年度に扱った牛三万七〇〇〇頭も判定し、うち一万九〇〇〇頭が業界で「上物」と呼ばれる宮崎牛ブランドのA5、4等級と格付けされた。ちなみに翌年六月に都城市の経済連系列の食肉工場であった枝肉共進会では、出品された一〇五頭全てが上物と評価される快挙も達成している。

乳用種や雑種なども混じっているので単純に比較はできないが、その前年度に全国で格付けを受けた牛のうちＡ５が全体の七・七％、Ａ４が一六・一％、Ａ３が一二・七％となっているのをみると、いかに高い割合かが分かる。前述の枝肉共進会で、ＪＡ高千穂地区肥育課長の伊東計治の言葉が全てを言い表している。「いつ（上物率が）一〇〇％になってもおかしくなかった。関係者一丸となり種雄牛や母牛の改良を進めると同時に、個々の農家も全国屈指の飼育技術に磨きをかけ、牛の潜在能力を存分に引き出せるようになった」

牛肉の輸入自由化後、米国、オーストラリアなど畜産大国の攻勢にさらされながら、宮崎牛をはじめとするブランド牛は霜降りを武器に産地を守ってきた。ところが、消費者の「霜降り＝上物」という従来の価値観が、経済状況やヘルシー志向とともに変化し、目に見える形で現れ始めた。その潮目は、消費者だけでなく、畜産業界や農家も敏感に察知している。

赤身の台頭

「サシ」と呼ばれる牛肉の脂肪交雑が「かなり多い」肉質5等級と「やや多い」4等級のいわゆる上物率は年々上昇傾向にある。全国で出荷され、格付けされた去勢和牛の上物率は二〇〇五年に遂に五〇％台に乗せ、一三年には五七・七％（Ａ５一九・八％、Ａ４三七・九％）にまで上がっている。ちなみに、宮崎県下から出荷された同じ年度の去勢和牛の上物率は六三・四％（Ａ５一九・六％、Ａ４四三・八％）を記録した。

この数字は、宮崎をはじめ全国の和牛農家が、「サシ」神話を生み出した格付けランクを上げるために、血統の改良と飼育技術の向上にしのぎを削ってきた歴史と汗の結晶そのものである。市場には、BMSの最高評価値を超えるような脂肪交雑率五〇％以上の牛が現れるようになり、動物生命体である家畜としてもはや限界の領域に近づいてきた。その肉は食肉というよりは芸術品というほかない。

ところが、ここ一〇年、サシを入れることに血の汗が出るほどの努力をしてきた関係者の思惑と相反する事態が起きている。上物枝肉価格と脂肪交雑が「標準」であるＡ３等級との価格差がじりじりと縮まっているのだ。

全国の枝肉価格の指標になっている東京都中央卸売市場食肉市場の和牛去勢枝肉価格（一kg当たり）を、Ａ５とＡ３の価格差で見ると一目瞭然だ。日本食肉格付協会のランク付けがスタートした翌年の一九八九年度はＡ５とＡ３の価格差は七四八円。それ以降は年々差が開き、九四年度には最高の一一一六円の差になった。二〇〇一年度まで九〇〇円から七〇〇円台後半までとその差を保っていたが、その後の一〇年間は長期的に縮まる傾向にあり、一三年度にはＡ５が一九七一円、Ａ３が一五二五円と過去最も価格差がない四四六円の差にまで縮まっている。

この価格変動をどう見るのか。上物率が五割を超え、霜降り肉はマーケットでの希少価値を失ったから、というだけではあるまい。小売店と情報交換しながら値を決める仲買人の目は消費者動向そのものであるという。枝肉相場が全体的に低落傾向にある中で、サシの入った肉とそうでない肉との価格差が縮まったということを、少なからぬ畜産関係者が「消費者ニーズは霜降り肉だけでなく、ヘルシー志向なども加わって赤身の肉にも分散している」と受け取っている。サシが入りづらいためにこれまで市場で苦戦していた和牛の褐毛和種、日本短角種がここに来てメディアで頻繁に取り上げられるなど、志向の変化は次々と現実化している。

宮崎県が一三年三月に策定した「畜産新生プラン」でも、販売力強化のため、飼料や熟成技術を研究する「赤身肉の高付加価値化」を挙げているが、これは中・長期的な取り組みであり、宮崎県全体として、まだまだ構想の段階から一歩踏み出したくらいのものだ。A5とA3等級の価格差は縮まったとはいえ、「農家は霜降り和牛をつくらないと利益が出ない」(JA宮崎経済連)という声は依然として根強いからだ。

こうした中、霜降り王国の宮崎にも黒毛和牛の赤身肉の生産に挑戦するグループが現れた。宮崎県獣医師会副会長を務める矢野安正＝西都《さいと》市＝が中心となってつくった「都萬牛《とまんぎゅう》」が、そのブランドである。二〇一〇年の口蹄疫で、地域の家畜が全て殺処分されたのをきっかけに親しい農家とともに「畜産をもう一度ゼロからやり直そう」と立ち上がった。臨床獣医師として農家に接するうちに、「畜産は何でこんなにもうからないのか」という疑問を持ち続けてきた矢野は多様化する消費者ニーズを考えた場合、もっと低脂肪で食べやすく、和牛特有のうまみのある牛肉も提供すべきではないかと考えたのだった。

一、二回の出産を経た経産牛を、生後三三〜四八カ月まで長期肥育することで、子牛販売による生産コストの圧縮と肉質の向上の両立を目指した。飼料には、価格が高騰している輸入飼料のほかに焼酎かす、米ぬかのほか茶の葉も入れる。霜降り肉をつくり出すため、餌に含まれるビタミンAを欠乏させる飼育技術が普及した肥育農家にとって、この成分が豊富な茶の葉を飼料とするのは禁じ手以外の何物でもなかったが、そこを逆手にとった。サシが入りやすい遺伝子を持つ黒毛和牛の霜降り発生を抑え、「健康な赤身肉」として売り出した。

マーケットを通さず、一三年四月にオープンした西都市内の直売所で販売する。宮崎牛も扱う宮崎市内の高級焼肉店が「赤身を求める客が多くなった」と直接訪れ得意客になり、首都圏の料亭やイタリア料理店からも引き合いが来るようになった。矢野は「サシもあれば、赤身もある。どんな肉も宮崎に行ったら、あるといわれるような宮崎にしたい」と言う。

矢野たちの取り組みを技術面から指導する宮崎大学農学部教授の入江正和（動物生理栄養学）は、これまでさまざまな食肉のブランド化を手がけてきた。牛・豚肉の肉質向上に関する研究が畜産業界の支援に直結すると確信。大阪府農林技術センター研究員時代には、低品質で廃業寸前に追い込まれた残飯養豚の飼料にパンくずを入れ、サシの入った柔らかい肉質にする「蔵尾ポーク」（滋賀県）のブランド化に成功した。ちなみに、この銘柄は食肉業者のアンケートでおいしさ日本一を競う「銘柄ポーク好感度コンテスト」で〇八年度の最優秀賞を受賞している。

豚肉も日本食肉格付協会によって特上・上・中・並・等外の五段階にランク付けされるが、豚の場合、霜降り肉は「肉質」の評価の範疇に入らない。決してランク付けでは上位に入らない「蔵尾ポーク」は業界の既成概念にとらわれず、消費者志向と向きあうことで市場から高い評価を得た。「格付けはあくまでも目安にしかすぎない。市場で評価されたものがブランドになる」と言う。その言葉通り、今度は「都萬牛」で、ランクの上下にとらわれない矢野たちの赤身肉づくりを支える。

もっとも、入江は従来の霜降り肉づくりを否定するつもりは毛頭ない。「サシの入った肉だけでなく、出荷月齢を短くして生産コストを抑えたものや赤身肉などいろんなものを宮崎牛として提案し、その中で売れるものを伸ばしていけばいい」と考えている。

現場からの提言

宮崎牛が宮崎県を代表する農畜産物ブランドであることは、誰もが認めるところだ。生産現場のたゆまぬ努力と関係機関の地道な取り組みにより、ようやく県外でも一定の評価を得られるまでに育ってきた。だが、ここまで述べてきたように、高齢化や健康志向の強まりを受け赤身肉が注目を集めつつある中、生産技術の向上によって出荷量が増えた肉質4～5等級の霜降り肉は市場で飽和状態となりつつある。さらに、国内人口の減少にともない牛肉そのものの消費量が縮小しているにもかかわらず、産地ブランドは増加し続けており、銘柄牛同士の競争も激しさを増していく。これから宮崎牛が前へ進むために産地は何をすべきか。流通や消費の現場に立つ五人の提言を紹介したい。

スターゼンミートプロセッサー　取締役　樋田《といだ》　博

まずは国内食肉大手スターゼングループの中で、自社工場や協力工場からの仕入れ、販売を担うスターゼンミートプロセッサー取締役の樋田博の話を聞く。同社が農協系列の食肉加工販売会社ミヤチクを経由して取り扱う宮崎県産黒毛和牛は年間約八〇〇〇頭。樋田は、全国の肉用牛産地を飛び回り、市場での競りにも参加するなど二〇年以上にわたり牛肉と向き合ってきた。だからこそ、「消費者ニーズと生産現場の現実が乖離《かいり》している」と敏感に感じ取る。

ここ数年で取引先から2、3等級の和牛の引き合いが如実に増えた。二〇〇八年の世界的景気低迷以降、高価な霜降り肉が遠ざけられている印象はあったが、最近は高齢化や健康志向もあって消費者ニーズそのものが赤身へと変わっているのを感じる。スターゼンが販売する黒毛和牛の多くはスーパーマーケット向け。外食産業で多く使われる輸入肉に対し、国産牛の主戦場はあくまで家庭だ。しかし現状では、スーパーマーケットから5等級の発注は少なくなってきており、家庭において霜降り銘柄牛の需要が低下していると判断せざるを得ない。

一方で、依然として市場では等級が上がるほど価格が高くなる傾向が続いている。生産コストに見合った販売額を考えると産地が5等級の牛づくりを目指すのは当然で、2、3等級は市場で品薄になっている。消費者のニーズと生産現場の現実が乖離しているのが今の国内の状況だろう。

そのような中で末端の量販店が求めているのは、品質の高いモモ肉。赤身志向にも合ううえ、比較的安く提供することができるからだ。サシの入ったものであれば、ロースなどに代わる安い霜降り肉としての需要も見込める。われわれ卸売の立場でも、ロースが以前のような価格で売れなくなる中、品質の高いモモ肉を仕入れて価格を補わなければ枝肉全体で見たときに採算が合わない。そのため格付けの基準部位であるロースだけでなく、モモ肉などほかの部位とのバランスで枝肉を評価している。今後は、そういうところも意識した肉用牛生産が必要ではないだろうか。

われわれ流通から見ると、産地としての宮崎は非常に評価が高い。餌などに左右される肉色の鮮やかさや脂肪交雑の細かさなど質の部分の安定感もあるが、生産から出荷まで宮崎県やJA宮崎経済連を中心に一本化している安心感もある。そのまとまりを生かして、A5やA4など現在の格付けに替わる新たな評価基準を提案していくことはできないか。例えば肉のうま味や健康成分を数値化することができれば、さらに消費者に支持される牛になるのではないか。

リストランテ　シルベラード　統括総料理長　**中原弘光**

イタリア料理店「リストランテ　シルベラード」は高級飲食店がひしめく東京・銀座のなかでも、数多くの著名人が訪れる人気店だ。同店統括総料理長・中原弘光は宮崎市出身。欧州連合（ＥＵ）が日本で主催した欧州産食材のＰＲイベントで指名を受けるなど、食材の良さを最大限に引き出す腕前は高く評価されている。二〇一一年に料理界初となる「みやざき大使」に宮崎県から任命されるなど故郷の食材への思い入れは強く、「もっと地元に愛される宮崎牛に」と願う。

料理の世界では今、長期間熟成させた牛肉に注目が集まっている。方法はさまざまだが、いずれも肉の繊維を柔らかくしたり風味を高めたりすることで、消費者の求める赤身肉をよりおいしく提供しようと生み出された技術だ。一方で、宮崎牛のような霜降りの黒毛和牛は、ある程度寝かせる必要はあるものの、脂が新鮮なときの方がおいしさを引き出すことができる。需要が高まりつつある長期熟成肉に対し、宮崎牛は最低限の熟成にとどめ、なるべく新鮮な状態で消費者の口に届けるような対極の価値観を打ち出しても面白い。

料理人として松阪牛や米沢牛をはじめ多くの銘柄牛を扱ってきた。トップブランドに比べると確かに宮崎牛は知名度で劣るが、味では決して負けていないと思う。脂のキレや赤身の上品さなど黒毛和牛の良さを引き出している。宮崎牛を使う料理人の多くは、そう思っているはずだ。

今の宮崎牛の販売戦略は、首都圏でとにかく多くの飲食店で使ってもらうことを目指しているような印象も受けるが、肉の質が高いだけにもったいなさを感じる。ブランド価値を保つために、取扱店を絞りながら慎重に増やしていく方法も考えていく必要があるのではないだろうか。例えば取扱店の料理人に対し、数年に一度は宮崎を訪れ生産現場を知ることを条件に課してもいい。都内どこに行っても食べられるお肉では、飲食店側に買いたたかれてしまう。全国和牛能力共進会の連覇が証明するように品質は高いのだから、下手に出ることはない。

一人の宮崎牛ファンとして思うのは、もっと地元に愛されるブランドになってほしいということ。宮崎県内で宮崎牛を食べられるお店や専門精肉店がどれくらいあるだろうか。松阪牛はあんなに高級なのに、地元の精肉店で地元の方々がどんどん買っていく。地元の人たちに「おいしい」と認められていることが、全国から牛肉が集まる東京で売るうえで一番の説得力になる。県内販売にも力を入れ、いろんな料理で宮崎牛を味わう牛肉文化や、普段の家庭料理で使えるような切り落としや安い部位も豊富にそろえる専門精肉店文化を宮崎で育ててほしい。

焼肉の幸加園　社長　**長友幸一郎**

宮崎県内に八〇店以上ある「宮崎牛取扱指定レストラン」。店内にブロンズ像や木彫りの看板を掲げることができる、いわば宮崎牛の顔ともいえる存在だ。その第一号として指定を受けたのが宮崎市江平の「焼肉の幸加園」。店内の壁面が隠れるほど展示されたプロスポーツ選手やタレント、政治家らのサイン色紙が、人気店ぶりを物語る。一九七三（昭和四八）年に創業した社長の長友幸一郎は七〇歳になった今も店内に立ち、客一人ひとりに「お口に合いましたか」と声を掛ける。「消費者に接する立場で、何かできないか」。長友は指定店同士の連携の必要性を説く。

消費者の赤身肉志向が指摘されるようになったが、来店客の注文にまだ目立った変化は起こっていない。創業当時から通ってくださる七〇～八〇代の常連客も、食べる

量こそ減ったものの、喜んで霜降り肉を食べてくださる。宮崎牛を食べようという人は、やはりモモなど赤身の部分ではなく、ロースのようにサシの入った肉を食べたいのではないだろうか。牛肉のニーズ全てが赤身に向かっているのではなく、家庭や焼肉店などシーンに応じて求める肉が変わっているのだと感じている。

ブランドとしての宮崎牛が立ち上がる以前から、宮崎県産黒毛和牛に接してきた。全国和牛能力共進会連覇が示すように、最近の宮崎牛は有名産地と比べても脂の質など遜色がないように思う。ただ、昔とは味が変わってきたように感じる。昭和五〇年代の県産牛は、もっと肉の香りがしていた。当時と今とでは生産技術や血統も違うし、サシの入り方も今の方が多いので当然と言えば当然かもしれないが、個人的には昔のような牛肉をもう一度食べてみたい。ビールや焼酎では、昔ながらの製法を再現した復刻商品が人気を集めている。技術的に可能かどうかは分からないが、宮崎牛についてもそういう商品があればアピール材料になるのではないだろうか。

宮崎県内には多くの指定レストランがあり、それぞれ店内にポスターを貼ったり、パンフレットを置いたりして宮崎牛をPRしている。しかし、自戒を込めて言わせていただくなら、指定店が手を組んで県内での消費拡大を目指すような取り組みは今のところない。県やJA宮崎経済連とも連携しながら、ウナギの土用丑のように県民挙げて宮崎牛を食べるような日を年に一、二回くらい大々的に打ち出すことはできないだろうか。そのためにはイベント参加や「より良き宮崎牛づくり対策協議会」総会への出席を指定の条件にすることも必要かもしれない。消費者と接する我々だからできることが、きっとまだあるはずだ。

農畜産物流通コンサルタント　**山本謙治**

国内外各地の名物料理などを紹介するブログ「やまけんの出張食い倒れ日記」が人気を集める農畜産物流通コンサルタント・山本謙治は、自治体からの仕事も含め、数多くの農畜産物のブランド化に携わる。二〇一〇年の口蹄疫当時はブログで宮崎県産農畜産物の買い支えなどの支援を呼び掛けたこともある。県内の多くの農家とも交流があるだけに、霜降り一辺倒の価値観が見直されつつある現状を踏まえ、「宮崎から新しい方向性の黒毛和牛を」と提案する。

ここ最近、和牛の世界では褐毛和種の「土佐あかうし」や日本短角和種の「いわて短角和牛」など、黒毛和牛に比べサシの入りにくい赤身の品種が見直されてきている。高知県では二〇一三年夏、土佐あかうしの枝肉の競り価格が、黒毛和牛を抜いた。前年までは一kg当たり三〇〇円前後の価格差があっただけに、鮮やかな逆転劇は世間を驚かせた。

日本では長い間、牛肉の良しあしはサシの入り方と歩留まりで判断され、国内の肉用牛産地は霜降り肉を生産するために肥育技術を磨き、黒毛和牛の血統造成を進めてきた。その結果、確かにA4、A5の牛肉は増えたが、飽和状態を招いてしまっている。そのような中で、逆にマイナーな存在である褐毛和種や日本短角和種に注目が集まっているのが現状だろう。黒毛和牛がダメだと言いたいのではないし、素晴らしさも知っている。国内で生産される和牛のうち、褐毛や短角はわずか数%しかなく、今後も黒毛が日本の主流であることは変わらないだろう。私が言いたいのは、サシ以外の方向性を目指す黒毛和牛があっても良いのではないか、ということだ。

宮崎牛を含む黒毛和牛の一番の魅力は、「和牛香」とも称される独特の香りだ。他の和牛と同じ等級で食べ比べたとき、一番インパクトがあるのは間違いなく黒毛。濃厚な香りや深いコクは、世界の牛のなかでも黒毛和牛だけが持つ特性であるといわれている。しかし残念なことにA5の霜降り肉では、最大の売りである豊かな味わいが、脂によって感じられなくなってしまうのだ。こんなふうに言うと「A3やA2の黒毛もある」と思われるかもしれないが、全然違う。A5を目指して結果的にA3やA2になった肉は、香りや味わいを高めることに重きを置いてつくられたものではない。初めから別のものを目指してほしいのだ。

宮崎の産学官で連携して宮崎牛のセカンドラインをつくってみたらどうだろうか。格付けに縛られず、宮崎の人が「おいしい」と思う基準でつくる。宮崎にはそういう肉づくりに挑戦している生産者がいらっしゃるが、時間とお金のかかる地道な取り組みになるだけに、個人ではどうしても限界がある。農協や自治体、大学など大きな枠組みで臨まなければ、消費者の価値観まで変えていくことはできない。

女優、ライフコーディネーター　**浜　美枝**

女優や司会、パーソナリティーとして活躍する一方、農林水産省などの各審議会委員としての一面も併せ持つ浜美枝。農業に関する著書を出版するなど食と農の問題に関心を持ったのは、四人の子育てを通して食品の安全性に疑問を感じたことがきっかけだった。全国の農業生産地を歩き農家の厳しい現状を見てきた浜は、安心・安全に必要なコストや、農家の思いを無視して大量生産・大量消費を続ける食の現状に危機感を抱く。「商業主義の中で生産者の思いや苦労が消費者に伝わっていない」。浜が願うのは生産者と消費者の気持ちをつなげることだ。

宮崎で口蹄疫が猛威を振るっていた当時、テレビや新聞で見聞きした現場の惨状にいても立ってもいられなくなり、東京・有楽町での街頭募金活動に参加させてもらった。そのとき募金してくれた人の多さに、宮崎牛の知名度の高さを実感した。宮崎牛を使っているというレストランのシェフは、「早く宮崎牛を使いたい」と惜しげもなく一万円を募金してくれた。宮崎牛は東京でも多くの人に愛されているブランドだと思う。

口蹄疫後、宮崎牛のドキュメンタリー番組を見る機会があった。あのとき生産者がどれだけ苦しかったのか、そこからどうやって立ち上がってきたのかをあらためて知ることができ、宮崎牛への愛着が高まった。しかし残念ながら、首都圏ではそのことを知っている人はほとんどいない。あの苦難から再び歩み始めた宮崎牛の「物語」を、もっといろんな切り口で発信し、農家や関係者の思いが伝わる販売をすべきだ。消費者は今、品質や安心だけでなく、食に倫理的な価値も求め始めている。牛肉ひとつとっても多くの選択肢がある首都圏で、宮崎牛のドラマはほかのブランドにはない武器になる。

レストランによる産地誤表示や偽装が相次いで報じられ、利益ばかりを追求してきた社会構造のゆがみが表に現れ始めた。生産者と消費者が、引き離されているように思う。こんな時代だからこそ、産地にはこれまで以上に安全や品質にこだわる誇りと正直さが求められている。その点、個人的な感覚かもしれないが、人柄のいい宮崎の生産者の方々には、コツコツとまじめにものづくりに取り組んでいるイメージがある。いつまでも消費者を裏切らない産地であり続けてほしい。

宮崎牛のブランド力を高めるために、宮崎県民にもできることがある。それは、県民が宮崎牛を食べ、ファンになることだ。もちろん決して安い物ではないので、いつでも食べられるわけではないが、誕生日や結婚記念日、お正月など特別な日には宮崎牛を食べる文化を宮崎に根付かせてほしい。インターネットやソーシャルネットワーキングサービスなどの普及によって、誰もが情報発信手段を持つ時代になった。特別な日に食べた宮崎牛のおいしさと幸せをぜひ、周囲に向けて発信してほしい。食と農のいろんな現場を歩いてきたが、そういう幸せのお裾分けのような口コミがきっかけで、うまくいったケースが多い。

コラム

宮崎のブランド牛

宮崎県内には、宮崎牛以外にも黒毛和種のブランド牛が数多く存在する。いずれも餌や品種、飼育過程にこだわり、県内外から「幻の……」と評価を受ける銘柄もある。

尾崎畜産＝宮崎市＝が生産し、県内外に高い知名度を誇るブランド黒毛和牛が「尾崎牛」だ。一九七二（昭和四七）年に尾崎宗之丞が個人開業。八八年に長男宗春が継いで経営規模を拡大し、現在は約一〇〇〇頭を飼育、尾崎宗春が代表を務める「牛肉商尾崎」が販売を手掛ける。黒毛和種を宮崎牛よりも三〜四カ月ほど長い三二カ月まで肥育。与えるのは、ビールのしぼり粕（大麦）やトウモロコシ、大豆粕など一三種類を独自のバランスで配合した自社飼料で、抗生物質を使わないため、毎日朝夕二回、食事の直前に餌を作っている。尾崎は「霜降りの量は牛の能力だが、肉のおいしさである脂の味は飼料で決まる。霜降りの量は変わっても、肉の味はしっかり一定にしたい」と語る。

出産を終えた黒毛和種の経産牛にパイナップル粕を混ぜた飼料を与えて再肥育した「パイン牛」を生産するのは、宮崎市の岡崎牧場（代表・岡崎芳次）。一頭十数万円と比較的安く手に入る半面、肉が固く色が悪い経産牛だが、糖質含量が高く、繊維分が多いパイナップルを与えることで、肉の固さや色を改善。酵素をたっぷり含んでいることから、牛の腸内環境が良くなり、臭みの少ない肉に仕上がる。二〇一一年からは牛肉を真空パックせずに、湿度や温度を管理したうえで、空気に触れさせて熟成させるドライエイジングにも取り組んでいる。

西都市で黒毛和牛五〇〇〇頭以上を肥育する有田牧畜産業（社長・有田米増）のブランド

「ＥＭＯ《エモー》牛」は抗生剤などの薬を一切使わない。ローマ字表記で「ＥＭＯ」は「Ｅａｒｔｈ（大地）」に「Ｍｅｄｉｃｉｎｅ（薬）」は「０（ゼロ）」を目指すことを意味する。約五〇年前に現会長の哲雄がホルスタインの肥育を始めて以来、交雑種、黒毛和種と品種転換しながら規模を拡大し続けてきた。社長の有田は「肉のうまみ、深みを出すのは五年くらいではできない」と言い切る。納入先のバイヤーから三〇年前、「肉の色が薄く、味もない」と指摘されたのがきっかけとなり、薬を使わない飼育方法を模索、完成したのが「ＥＭＯ牛」だった。空気中の雑菌による腐敗を防ぐ独自の技術を用いた肉のドライエイジングにも一三年から取り組んでいる。

口蹄疫からの再起をかけて川南町の和牛農家・森木清美は一一年春、絶滅の危機にある和牛の原種「蔓牛《つるうし》」を岡山県から導入した。口蹄疫以前は繁殖農家だったが、ゼロから出直す中で「脂がさらっとした昔ながらの味のある牛をつくってみたい」と思い立った。一三年三月には直売所を開設、一般消費者に限定して販売しているが、町外からのリピーターも増えているという。

第五章 牛たちの一生

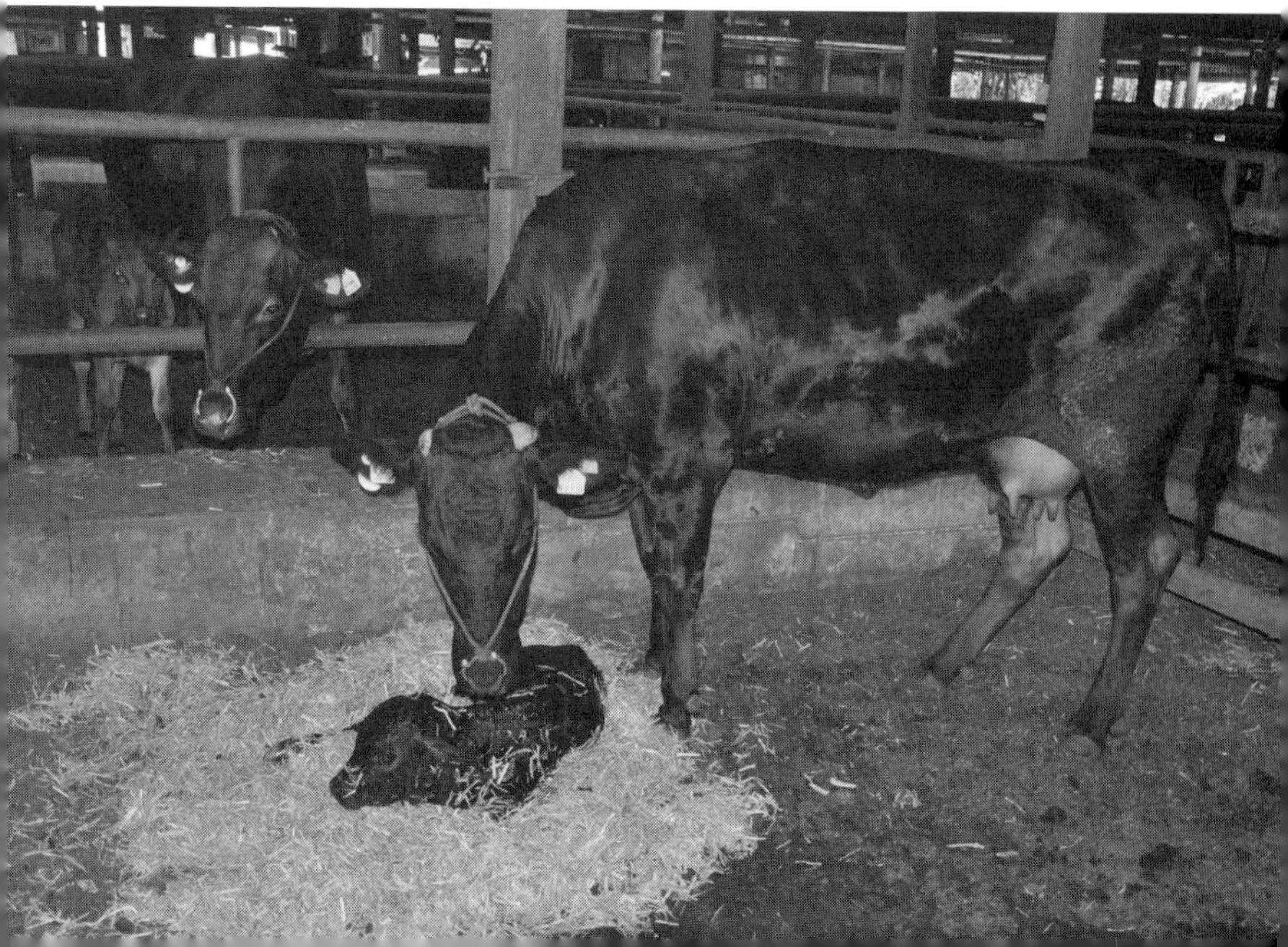

種付けから誕生まで

蓑輪康広が場長を務める宮崎県串間《くしま》市の谷口畜産で午前十時ごろ、繁殖和牛の雌牛「きくの721」の出産が始まった。予定日を二週間ほど過ぎていたため、前日の午前には陣痛を促す注射を接種。夕方からは餌を食べず、立ったり座ったり落ち着きがなくなるなど、出産直前の兆候を示していたが、結局翌日に持ち越されたのだった。

陰門から茶色の液体が出る一次破水がお産の始まり。その後、羊膜に包まれた二本の前脚がゆっくりと現れ、続いて頭が見え始める。見守る蓑輪は「頑張れ、もう少しだ」と母牛と生まれ出ようとする子牛を励ます。

子牛はうつぶせで出てくるのが正常だが、あおむけの体勢だったり、前脚ではなく後ろ脚から出てくる逆子だったり、出産はアクシデントがつきもの。ときには農家が子牛の脚や頭にロープやベルトを掛けて引っ張り、体が大きければ滑車なども使って手助けをする。子宮がねじれて子牛が出て来られず農家だけでは手に負えないケースや、高齢農家では獣医師の出番となる。

それでも事故は避けられない。串間市を含む日向灘沿いの宮崎県南部エリア・南那珂《みなみなか》地域では年間五三〇〇頭の出産があるが、うち二〇〇頭が産声を上げることなく命を落とす。母牛が妊娠中に大過なく過ごせるよう心を砕き、待望していた子牛が死産となって無に帰せば、農家には経営的、精神的に二重の痛手となる。一頭でも多く健康に生まれるよう近隣農家は結束し、夜中が多い出産にもできる限り立ち会うという。

きくの721の出産は一時間ほどで無事に終わった。分娩にかかる時間は平均一～二時間。難産の末に生まれた子牛は脳に血液が流れやすくするために後ろ脚をつかまれて逆さまにつり下げられたり、心臓マッサージを施されたり、農家や獣医師による手厚いフォローが待っている。へその緒の消毒なども手際よく行なわれる。

生まれたての子牛は一〜二時間、おぼつかない足取りで立ったり倒れたりを繰り返し、自分の脚で懸命に立ち上がろうとする。ぴったり寄り添う母牛がその全身を一心になめ、血行を促進させる。最初の関門は子牛が免疫力を高める初乳を飲み始めるかどうか。飲まない場合は農家が子牛を母牛の乳房に導いたり、初乳と同じ成分の粉ミルクを代用したりする。

繁殖雌牛一七〇頭、肥育牛三五〇頭を養う大規模経営だけに、日常から出産に追われ、不規則な生活が一〇年近く続く蓑輪は「(この農場では)子牛は二日ごとに生まれて特別なものではないが、出産はやはり緊張し、事故があったときにはやりきれない気持ちになる。生き物相手の仕事で苦労も多いが、生まれてくる子どもがかわいいのは人間と同じ。やりがいは大きい」と話す。

二八五日といわれる妊娠期間は人工授精による種付けから始まる。

雌牛は生後一三、一四カ月で、出産後は五〇〜六〇日経過すると、繁殖農家は普段の飼養管理の中で、母牛の発情の具合を注意深く観察し、種付けの時期を見計らう日々を送る。食欲がない▽ほかの牛に乗

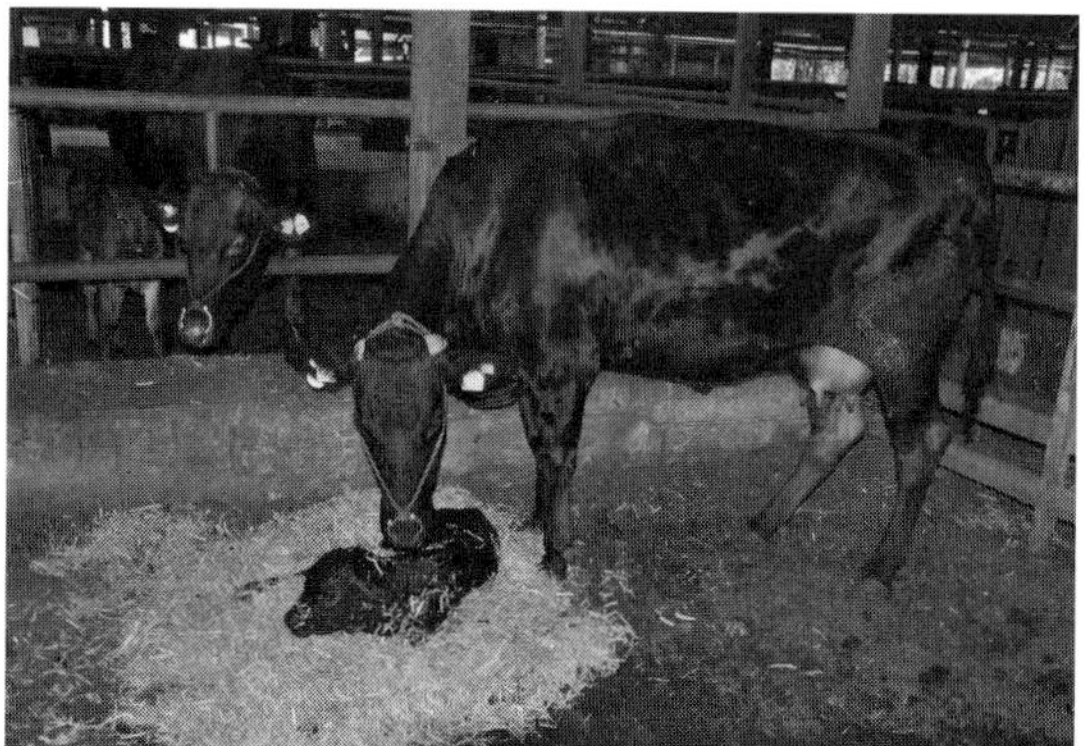

産んだばかりの子牛を懸命になめる母牛の「きくの721」。子牛はこの後、2時間ほどかけて立ち上がった＝串間市

りかかる▽逆にほかの牛から乗りかかられる▽うろうろと歩き回る▽ほかの牛の匂いを嗅ぐ▽雄たけびのような鳴き声を上げ続ける――など発情特有の行動が見られれば人工授精の準備に取り掛かる。

二一日周期とされる発情の見逃しは、繁殖経営の生産性低下に直結する。ただ、その兆候は一頭一頭異なり、牛が抱えるストレスやちょっとした栄養管理の行き違いなどが原因で、微弱になることも。産後八〇日以内に種付けできれば安定経営の基本となる「一年一産」が可能だが、現実はなかなか難しい。

発情を確認したら人工授精師を呼び、県有種雄牛《しゅゆうぎゅう》の凍結精液ストローを使って種付けをする。精液は県有種雄牛を一括管理する宮崎県家畜改良事業団（児湯《こゆ》郡高鍋《たかなべ》町）からサブセンターとなる県内各地の家畜改良協会を通して人工授精師に配布される。雌牛との相性や上場する市場での需給バランス、在庫なども考慮すれば、種付けする種雄牛の選択肢は決して多くない。

農場に着いた人工授精師はまず、肛門から手を差し込んで直腸の壁越しに子宮を触る直腸検査を行なう。子宮が十分に成長し、柔らかくなっていることが排卵直前、つまり授精適期にあるという目安になるからだ。子宮外口の状態や粘液なども検査し、精子が生存できる一二時間以内に排卵が起こると確信できれば、種付けに踏み切る。

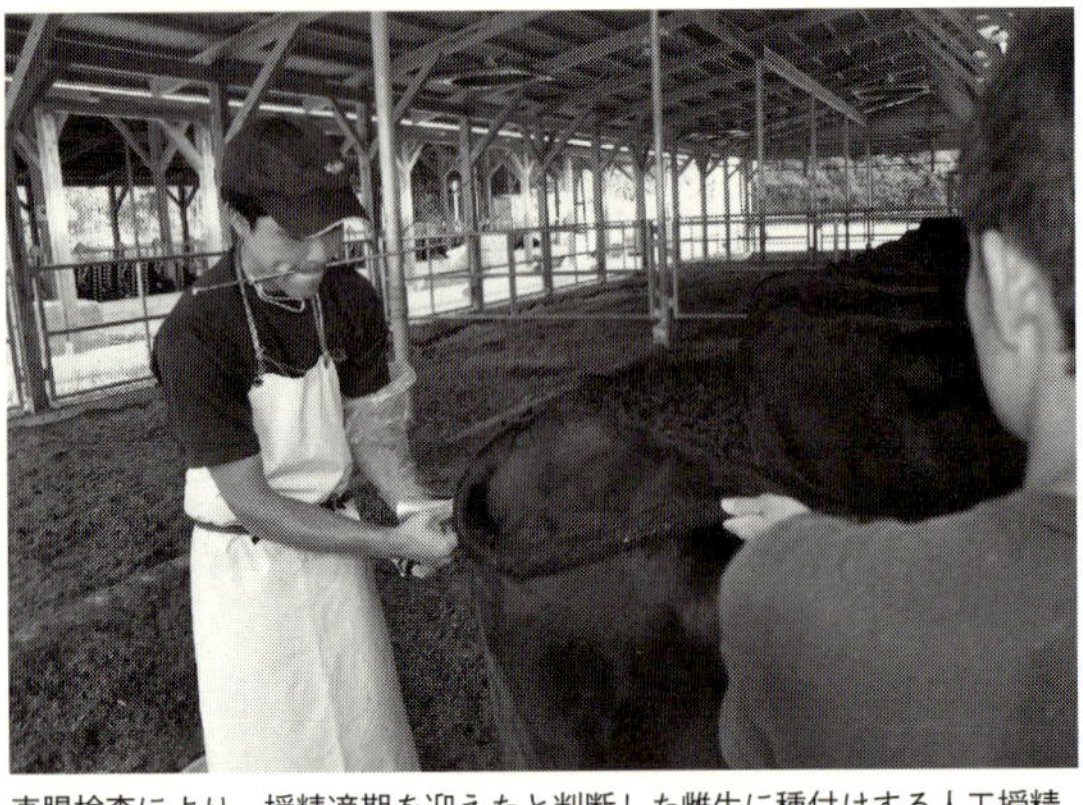

直腸検査により、授精適期を迎えたと判断した雌牛に種付けする人工授精師（左）＝串間市

ここからは職人技が光る。精液は〇・五mlずつストロー状の容器に入れられ、液体窒素を満たした専用容器の中に保管されている。人工授精師は精液ストローを引き抜き、ぬるま湯で手早く融解。棒状の器具に移して子宮内に素早く注入する。その間一分。初産の場合、受胎率は八割ほどで、その後は出産を重ねるごとに下がっていく。受胎できるかどうかは種付けのタイミングや注入の技術など人工授精師が長年培ってきた力量や勘に負うところが大きい。

南那珂地域の人工授精師が所属する南那珂家畜改良協会では、種付け料は種雄牛によって六〇〇〇〜一万円。受胎せず、再度種付けをする場合は、技術料の三〇〇〇円が差し引かれる。受胎しないだけでなく、受胎したと誤認しその後の発情まで無為にやり過ごせば農家の経済的損失はさらに膨らむ。種付け後は六〇日程度で妊娠鑑定を行ない、万全を期すことが多い。南那珂家畜改良協会会長の大山邦彦は「失敗すれば農家に餌代などの負担を掛け、自分たちの信用を失うことにもなる。毎日が真剣勝負。生き物相手は経験がものをいう世界なので、後継者育成も今後の課題」と話した。

近年、域内で飼育されている母牛の若返りを進めるとともに、農家の戸数減少や高齢化に対応するため、農協が競り市で雌子牛を購入、一定期間育成し種付けした母牛を農家に販売する「育成センター」の導入も進んでいる。

母牛との時間

繁殖農家や獣医師らの懸命なサポートのかいあってこの世に生を受けた子牛は、競り市に出荷されるまでの九〜一〇カ月間、農家の愛情を受けてすくすく育ち、全国に誇る「宮崎県産子牛」への階段を一段ずつ上っていく。今回は全国市場の平均価格より割高で取引される宮崎県産子牛の飼育方法について探ってみたい。

繁殖農家の農場は母牛と子牛、母牛の候補である育成牛が混在している。一般的に生まれたばかりの子牛は母牛と同じ部屋で過ごし、母乳で育てられる。しかし、母牛といることができる期間は限られ、生後三〜四カ月で専用の牛舎に移される。大規模農場に多い人工哺育となればとりわけ短く、わずか生後一週間で離れ離れとなる。母牛に子牛を付けておくと発情が起こりにくく、次の出産がままならないためだ。離された子牛は母牛を恋しがり、夜通し狂ったように鳴き声を上げて喉もかれるというが、農家は生きていくため心を鬼にして母子を引き離す。

競り市を見据えた本格的な飼育が始まって、農家が初期の段階でまず念頭に置くのは、牛が持つ四つの胃のうち、「腹袋」などと呼ばれ、胃全体の容積の八割を占める第一胃を大きくさせることだ。

競り市で購買者となる肥育農家は、枝肉の価値を高める「サシ」（脂肪交雑）が入りやすい子牛を確保しようと、その腹囲を厳しく吟味する。豊かな腹囲は第一胃が発達している証し。肥育段階に移った後、より大量の餌を食べることができ、サシの基となる脂肪酸を多くつくり出す。子牛の姿形と将来の肉質は深い相関関係にあるというわけだ。ただ、第一胃を膨らませるため、やみくもに餌を与えると余分な腹腔内脂肪を付けてしまうことになり、かえってサシが入りにくくなる弊害を引き起こす。体が出来上がる前の月齢が若い時期でも、どんな餌をどのころ合いでどれだけ食べさせたかが競り市だけでなく、ひいては食肉市場での評価にまでかかわると言っても過言ではない。

農家は生後四カ月までは母乳に加えてトウモロコシなどの穀物を配合した濃厚飼料を中心に与え、初期発育や第一胃の絨毛《じゅうもう》の発達を優先させる。その後は、無駄な脂肪を抑えて第一胃の容積を広げるため、干し草などの粗飼料を十分に与える。牛の大きな体を支える強固な骨格をつくるうえでも、カルシウムを多く含む粗飼料をいかにうまく使うかが繁殖農家の腕の見せどころとなる。また、母牛など成牛への餌やりは基本的に朝夕二回だが、より量を食べられる体をつくるため、給餌を一日五回ぐらいに分けることもある。

南那珂地域の日南《にちなん》市と串間市の一部を管轄するJAはまゆう畜産部業務課長補佐・奥村友博は「腹腔内脂肪が付くなどした子牛は一見、体格は良いが、いざ肥育農家に引き渡された後は伸び悩む。競り直前の濃厚飼料の与え方に特に気を遣っている南那珂地域の子牛は競りの時点では決して大きくないものの、第一胃がしっかり育っている。肥育導入後に太りやすく、かつサシが入りやすく、肥育農家が追い求める肉質に応えられる素材といえる」と自信をのぞかせる。

一方で同じ子牛でも雄はどんなに飼料を工夫しても、固くてきめが粗い肉になりやすく、脂肪もなかなか付きにくい。雌に劣らない肉質にするには生後二～四カ月で去勢するしかない。子牛競り市に雌と去勢しか上場されないのはそのためだ。

次に、繁殖農家の一般的な一日を見てみたい。起床は午前六時ごろ。まず牛小屋の餌箱を掃除し、前日の夕方に準備した飼料を落とし込む。牛が好んで食べる濃厚飼料を安易に与えてしまうと、それしか食べなくなるので、複数回に分ける給餌ではまず干し草類を入れ、食べ終わったら濃厚飼料を足す――という手順を繰り返す農家が多い。

餌やりの後は、牛に言葉を掛けながら除ふん作業やブラッシングなどに精を出す。農家は牛とじかに触れるこうしたルーティンワークを通して一頭一頭の体調や栄養状態、母牛の発情の有無などを肌感覚でつかむ。水飲み場にごみが入っていないかなど、細かな部分にも目を配る。出産が迫っていれば、いつそのときが来てもいいように、前もって新しい清潔なわらを敷きつめておく。下痢や風邪などの症状が見られれば獣医師にこまめに連絡を入れる。

多くの農家は自家用の牧草を栽培しており、天気がよい日中は干し草づくりに汗を流す。夕方までに牛舎に戻り、翌日の餌の仕込みを済ませるころには、夏でも日が落ちかけている。

日南市北郷《きたごう》町で母、子牛の計八頭を飼育する池田実は「生まれたときから子どものようにかわいがることで、それぞれの個性や飼い方が分かってくる。成長段階に応じた餌の分量には一応基準があるが、その牛に合わせるのが鉄則」と話した。

牛の毛を刈る削蹄師の松本。はさみやカミソリ、くしなどを駆使して豊かな体積を浮かび上がらせる＝串間市

南那珂地域で年六回巡ってくる競り市や品評会が近づいてくると、出荷、出品を控える繁殖農家は子牛の〝身だしなみ〟を整える。串間市の竹之内秀の農場で、南那珂地域家畜市場の品評会、子牛・育成牛共進会に出場する子牛「第3ゆき7821」の削蹄、毛刈り作業に立ち会った。

呼ばれたのは串間市の一級削蹄師松本寿利。第3ゆき7821の手綱を鉄柵に結び付け、削蹄する脚を持ち上げながら伸びた蹄《ひづめ》の先端をペンチでカットする。抵抗するのをなだめつつ、作業は淡々と進む。四肢のバランスを調整しながら、蹄裏側を削蹄鎌で手早く削り、やすりがけまで約三〇分で完了した。削蹄後は、素人目にも立ち姿が一変したのが分かる。姿勢が良くなれば体型や骨格が自然と望ましい形で育っていき、競り市や品評会での評価が高くなるばかりか、出産能力の改善などにも効果があるという。松本は「牛に合った削蹄が何より重要で、失敗すると余計に牛にストレスがかかる。姿勢ひとつで腹袋も膨らみやすくなり、餌の食い込みも良くなる」と教えてくれた。

削蹄に嫌がるそぶりを見せた第3ゆき7821だが、毛刈りになると一転、リラックスした顔やしぐさを見せ、松本に気持ち良さそうに身を委ねる。牛も感情ある生き物だと実感する。松本は背中のラインを中心に尾や顔回り、腹などの余分な毛をバリカンで刈っていく。はさみやカミソリ、くしなども使って丁寧に仕上げを行なった。松本が「毛の高い所を刈って低い所に合わせ、凸凹のない理想型に近づけていくのが基本」と言う通り、全てが終わると第3ゆき7821の滑らかな輪郭と豊かな体積がくっきり浮かび上がった。直後の品評会では、この子牛がグランドチャンピオン（優等首席）に輝くことになる。

子牛競り

ぽつぽつと点在する民家のほかは、甘藷畑や茶畑などが一面に広がる台地にある南那珂地域家畜市場（宮崎県串間市）。ここでは串間市と、隣接する日南市で育ち、肥育期に差し掛かった子牛が一堂に集まる競り市が二カ月に一度開催されている。

二〇一三年九月に二日間行なわれた競り市も、県内外から訪れた購買者や地元繁殖農家らで沸き返っていた。子牛を送り出す繁殖農家が「嫁入り」にもなぞらえる晴れの舞台。この日を迎えた農家の感慨はひとしおで、生まれたときはか細かった子牛と歩んできた約三〇〇日の軌跡が脳裏によみがえり、たくましく成長してくれた喜びと、手放す寂しさが交錯するという。

子牛を乗せたトラックなどで家畜市場の入り口がごった返すのは午前六時ごろ。子牛の体重を計測し、事前に割り振られた番号順に係留舎につなぎ止めた後は、農家は最後の身繕いに専念する。バケツにそろえている使い込んだ道具一式で、子牛に付いた汚れを慣れた手つきで払っていく。何度も何度もブラシをかけるうち、黒毛和種特有の黒光りを全身から放つようになる。初日、一五頭を出品する日南市南郷《なんごう》町の河野俊子は「商品なので少しでもきれいにしたい。やっと（子牛を）一人前にした充実感と、どう評価されるかという緊張感で毎回気持ちが高ぶる」

係留舎で過ごす時間は、子牛との別れを惜しむひとときでもある。日南市の新村久子は雌子牛の耳元で「慣れない所に連れてこられて疲れるね」といたわるようにささやきながら「手を掛けた分、別れるときはいつも寂しいし、これから飼育される売却先の環境も気になる。娘を嫁ぎ先に送り出す母親の心境」といとおしげにその背中を見つめた。

競りの開始時刻が近づくにつれ、係留舎には丈の長い牛衣を羽織った購買者が続々と姿を現し始める。出品名簿片手に目当ての子牛の前で足を止めては、全身にくまなく目をやり、皮をつまみ、一頭一頭念入りに品定めしていく。

「谷口畜産」＝串間市＝場長の蓑輪康広も買う側の一人。「全国ブランドを目指す宮崎牛には、質の良い宮崎産子牛が欠かせない。血統はもちろんだが、自分の直感に従い、言葉では言い表せない牛の顔つきや雰囲気なども把握したうえで競りに臨む」と言う。

東北や東海、関西地方など遠方からはるばる足を運ぶ買い手も目立つ。近江牛の生産が盛んな滋賀県竜王町《りゅうおう》にある澤井牧場の澤井弘喜は「宮崎の子牛は（枝肉にしたときの）品質が最高で、ある程度の増体も見込める。人気があるので価格は上がってしまうが、それでも見に来る価値がある」。愛知県大府《おおぶ》市、下村畜産専務の下村知士は「枝肉成績が良いうえに、宮崎とは父の代から三〇年以上の付き合いがある。宮崎からわざわざ仕入れる決め手のひとつが生産者の温かく、優しい人柄。当地の子牛が間違いないと信頼できる裏打ちとなっている」と語る。

南那珂地域家畜市場での子牛競り市。会場は購買者や農家らの熱気に包まれる＝串間市

二日間で上場されたのは雌、去勢牛の計五七六頭。生産に携わった人々の「少しでも高く」という願いや祈りを一身に背負い、飼い主に手綱を引かれて競り会場に入る。牛が立つステージから半円状に広がり、傾斜の付いた前方座席には購買者、その後方や立ち見席には市場動向をじかに確かめようとする農家とその家族、関係者らが陣取り、学校の体育館よりやや小ぶりな会場内は二〇〇人ほどがひしめき合う。

上場されると、電光掲示板に「生産者名」「父」「母の父」「母の祖父」「日齢」「給与飼料」をはじめ、雌、去勢の種別や体重など基本情報が即座に表示され、ルーツから現在の状態までが一目瞭然になる。続いて、血統や体重から自動的に算出される「さし値」が掲示され、いよいよ競りがスタートする。

購買者は机の下に設置されたボタンを押し、一〇〇〇円単位で入札。不規則に点滅する掲示板のランプ表示がさらなる熱気、興奮を生み、出品農家や購買者だけでなく、その場に居合わせた人々を高揚させる。競りを取り仕切るJAはまゆう畜産部によると、青ランプは三人以上、黄ランプは二人、赤ランプは一人が入札していることを表す。開始直後は十数人の入札が殺到するものの、終盤は二、三人が三万円ほどの幅で値をつり上げていき、落札価格が確定していく。

一頭当たりの所要時間は約二五秒。売る側、買う側双方の当事者にとっては長くもあり、短くもあり、何度経験しても息のつまるような時間という。

競りを見ていると時折、首に紫や緑、赤色のたすきを掛けた、明らかにほかとは違う風格を漂わせた牛が登場する。会場の注目度もひときわ高い。決まって平均を上回る価格で落札され、「おー」というどよめきが起きる。

これらの牛は競り市に先立ち、やはり南那珂地域家畜市場で開かれた品評会、子牛・育成牛共進会の入賞牛だ。繁殖技術の向上や優良母牛の地元保留を促進するため、県内の他六地域でも定期的に開催されている。南那珂地域では奇数月に行なわれる競り市の二〇日ほど前に実施する。

全国和牛登録協会宮崎県支部やJAはまゆう、行政の担

子牛競り市に先行して開催される南那珂地域家畜市場での品評会。優等首席の牛は羨望の的になる＝串間市

当者らの審査で優等賞一〇頭、一等賞一〇頭、二等賞一〇頭を選抜。優等賞は一席に当たる首席から十席までの順位も付けられ、明確な格付けがなされる。なかでも優等首席は「グランドチャンピオン」の称号で呼ばれ、ほかの農家から羨望《せんぼう》のまなざしを向けられる。

直近の八月期は三七頭が参加。そのトップに立った第3ゆき7821を育てた串間市の竹之内秀は「受賞できればその牛の競り値が上がるだけでなく、チャンピオンが育った農場の牛全体の価格を引き上げる効果がある。みんな取りたいが、なかなか取れないからこそチャンピオン」。その牛は今回の競りの平均価格五一万一〇八〇円を一九万円近く上回る六九万九〇〇〇円の高値を付けた。

平均価格自体も前年同期より約一〇万円余り高く、繁殖農家の頑張りに報いる相場で競り市は幕を閉じた。しかし、JAはまゆう畜産部業務課長補佐の奥村友博は「二〇一〇年の口蹄疫による種付け制限や、安愚楽牧場（栃木県）の破綻、東京電力福島第一原発事故による全国的な肥育素牛《もとうし》の不足が要因だろう。子牛価格の高騰が飼料価格上昇、枝肉価格低迷に苦しむ肥育農家の経営を悪化させれば、ゆくゆくは繁殖農家にもはね返ってくる。決して手放しでは喜べない」と気を引き締めた。

競り落とされた五七四頭は県内向けで当日引き取られる牛、県外向けで出荷まで数日待たねばならない牛に分けられて家畜市場の管理舎に移動。それぞれ必要とされる肥育現場へと旅立っていく。

種雄牛への道

繁殖農家が育てた子牛のほとんどは競り市に出荷されるが、雌牛を母牛として農家が手元に残すこともある。発育や体型が優れた雄牛は種雄牛（種牛）として活躍する道も残る。

子牛を出荷し、肥育農家にできるだけ高く買ってもらうことで収入を得る繁殖農家。母牛となる繁殖雌牛が生産基盤となるため、農家はより良い母牛をそろえることが安定経営の基本となる。

競り市では、血統が子牛の価格決定を大きく左右する。購買者は母牛についても、子牛の父牛（種雄牛）とともに重視、母牛の父、祖父の血統まで参考にする。基本的に繁殖農家は市場で人気のある血統をそろえるが、肉付きや霜降り肉の産肉能力、体型などの特長が出やすくするために種付けする種雄牛と母牛の相性も考慮する。繁殖成績なども重要なポイントになる。近年は発育が良い「忠富士《ただふじ》」や霜降りなど肉質に優れた「福之国《ふくのくに》」、両方ともにバランスの取れた「勝平正《かつひらまさ》」を父に持つ母牛が目立つ。宮崎県南部地域が業務エリアになるＪＡはまゆうの畜産部業務課長補佐・奥村友博は「良い母牛を残すことは、市場の評価向上にも直結する。繁殖農家の経営安定には地域一体となった取り組みが欠かせない」と話す。

農家は競り市で購入した雌子牛を育て上げて母牛にすることもあるが、自分の農場で生産した愛着のある子牛を使う場合が多い。生後二年ほどで初産を迎え、八回ほど出産を繰り返す。繁殖農家にとっては最長一〇年近く生活を共にし、家族の一員のような存在といえる。

宮崎県は県内の繁殖牛農家が飼育する母牛のうち、枝肉成績や体型、繁殖能力などが特に優秀な雌牛三五〇頭を「基礎雌牛」に指定。通常、生まれた雄牛のほとんどは去勢されて出荷されるが、基礎雌牛から生まれた雄牛は種雄牛候補として生き残る道が開ける。

では、宮崎県で種雄牛が誕生するまでの課程を見ていきたい。

まずは県内の基礎雌牛に県有種雄牛の精液ストローを種付けする。遺伝的な偏りを防ぐために県外産の種を付ける場合もある。

一年間に基礎雌牛三五〇頭から生まれる雄牛は死産などを考慮すると約一四〇頭。これらの雄牛は繁殖農家の農場で大切に育てられ、生後七～八カ月までに発育や体型などから第一段階の種雄牛候補として二三頭が選抜される。この二三頭は県に買い上げられ、宮崎県肉用牛産肉能力検定所（西諸県郡《にしもろかたぐん》高原町《たかはるちょう》）で一三二日間飼育。増体や飼料効率、体型などでさらに一〇頭前後にまで絞る。この間は候補牛を直接見て検定することから「直接検定」と呼ぶ。

宮崎県南部を管内とするＪＡはまゆうが二〇一三年八月二十一日に実施した第一次直接検定では、日南市や串間市にちらばる六農家が対象になった。宮崎県内の種雄牛を一括管理する宮崎県家畜改良事業団や全国和牛登録協会宮崎県支部、ＪＡはまゆうの担当職員ら計一〇人で発育状況などを見た。

種雄牛の候補牛を直接検定するＪＡはまゆうや全国和牛登録協会宮崎県支部の担当者ら＝串間市

農場では飼育農家の温かい出迎えを受け、候補牛の胴回りや体高をメジャーなどで計測。肉付きを調べるため、子牛の皮をつまむ担当者の顔は真剣そのものだ。一戸当たり三〇分ほどで回り、巡回修了後は串間市にあるＪＡはまゆう畜産部で会議を開いて今後の方針を話し合った。この日調べた六頭中二頭が保留（継続飼育）となり、残りは去勢（不合格、競り出荷）が決まった。

直接検定を合格した宮崎県内の一〇頭は「待機牛」と呼ばれ、宮崎県家畜改良事業団の農場に移動。「現場後代検定」に移る。待機牛一頭につき県内の雌牛五〇頭に種付け。生まれた去勢、雌牛計一八頭を生後二九~三二カ月齢まで肥育して食肉処理する。枝肉の肉質等級や歩留まり等級が良く、繁殖農家からの需要も高ければ、晴れて種雄牛となれる。

県は二〇一二~一三年度、口蹄疫で大部分を失った県有種雄牛の再造成を急ぐ目的で、直接検定後の現場後代検定に代わり、肥育期間が八~九カ月ほど短縮される「間接検定」を導入した。ただ、肉牛として仕上がりきっていない段階で枝肉調査をするので不確定要素もある。このため「間接検定」は「現場後代検定」と併用して運用されている。

一頭の種雄牛が誕生するまでには最短五年八カ月を要する長い道のりだ。県有種雄牛の「秀菊安《ひできくやす》」を輩出した串間市で繁殖、肥育を一貫経営する鎌田秀利は「実力のある種雄牛ができれば、その種を優先的に使える地元が潤う。最終的には県民の財産となるので、候補牛は家族同然、もしくは家族以上に大切に育てるし、責任も重い」と語る。

肥育スタート

牛の生産は母牛に種を付け、生まれた子牛を九~一〇カ月間育てる繁殖農家と、それを購入して月齢二八カ月ほどにまで育て上げ出荷する肥育農家の分業制が一般的だ。宮崎県西都市《さいと》の大崎貞伸の肥育農場では、宮崎牛の候補となる一八〇頭が飼育されている。これらは農場がある児湯・西都地域に限らず、県内各地で開かれている競り市に足繁く通った結晶だ。「繁殖農家のおかげでわれわれは仕事ができきる。その努力を無駄にはできない」。手を掛けたいと思わせてくれる牛に囲まれていることが大崎を日々、牛づくりへと突き動かす。

肥育農家が子牛を購入するときの目安になるのが血統だ。黒毛和牛の価値は、枝肉にしたときのサシ(脂肪交雑)の状態が大きく左右する。血統はサシの入り方に影響するだけではなく、病気への耐性や気性の穏やかさにまで関係してくる。競りが近づくと、肥育農家の元には出荷予定の一頭一頭の来歴や生産者の情報がまとめられた冊子が届く。大崎は開催二週間前から情報収集・分析に時間を割き、気になる牛に目星を付けて家畜市場に向かう。

血統が重要とはいえ、生き物だから同じ血統であっても一頭一頭に個性がある。子牛一頭の価格は三〇万～五〇万円と安くはない。導入時の見極めの甘さは経営にとって命取りとなる。データや思い込みだけでは失敗することもあり、市場などで実物をじかに見て買うかどうかを最終判断する。七〇〇～八〇〇kgの体重を支えられる丈夫な骨格をしているか、十分な餌を食べることができる大きな口をしているか、肩幅が厚く背骨が曲がっていないか——。大崎が「自分のファインダーで牛を見てから決める」と言うように、それぞれの肥育農家が幾度もの失敗を繰り返してきた経験から独自の基準を持ち合わせているという。質の高い宮崎牛に育て上げるため、大崎らにはその子牛が大きくなっていく姿を的確にイメージし、将来性を見抜く目が求められる。

家畜市場で競り落とした子牛は、トラックに乗せて農場へ輸送する。到着すると、まずは環境に慣らすことから始まる。肥育はひとつの牛房で四、五頭を育てる多頭飼いとなる。一方で子牛を育てる繁殖農家の中には母牛が二、三頭しかいない小規模農家も珍しくはない。こうした環境で育ってきた子牛は多頭飼いの牛舎に慣れるのに時間がかかる。牛は繊細な生き物だという。集団になじめずにほかの牛か

肥育農家では肥育スタート時の餌は濃厚飼料を抑え、粗飼料を多く与えることで牛の胃袋を大きくする＝児湯郡新富町

らいじめにあったり、餌を食べなくなったりすることもあるため、牛同士の相性を見ながら部屋割りをしていく。

肥育期は月齢に応じて前期、中期、後期に分かれ、餌の種類、量、与え方も変わってくる。月齢一〇～一三カ月の前期は、約二〇カ月の肥育期間に耐えられる胃や体をつくることが目標となる。体重を増やしサシとなる脂肪をつけるトウモロコシや大豆などの配合飼料の量は抑え、エン麦を乾燥させたオーツヘイや栄養バランスに優れたチモシーなどの粗飼料が中心となる。餌の量は農家によって異なるが、この時期の一日当たりの餌は、稲わらなどの粗飼料が五、六kg、濃厚飼料が三、四kgの割合となる。繁殖農家が競りの前に増量を目的に濃厚飼料を多めに与えることがあるが、脂肪が付き過ぎてしまい肉質に悪影響が出る。購入後一、二カ月は粗飼料だけを与え、本格的な肥育に入る前にリセットする農家もある。中期以降も牛の生理を踏まえた給餌の基本があるが、後述する。

肥育はただ餌を与えるだけでなく、約二〇カ月という限られた期間で宮崎牛に仕上げることが求められている。牛が病気にかかって餌を食べられない時期が続けば肉質が悪化、枝肉の重量も軽くなり、農家の収入も減ってしまう。

病気を防ぎ、牛が落ち着いて餌を食べられるような農場の環境づくりも肥育農家に求められる重要な仕事だ。牛舎内は夏になると気温が上昇し、四〇度近くになる。牛が快適に感じるのは一三〜二五度といわれており、夏の時期は大崎の農場も天井にある大型の扇風機が一日中回っている。電気代はかかるが、牛の健康維持のために惜しむことができない出費。冬の寒さ対策も欠かせない。南国宮崎とはいえ、大崎の農場でも冬になると氷点下まで冷え込むこともある。牛舎の周りをビニールで覆い、すきま風が吹き込まないよう細心の注意を払う。

朝夕と日中の寒暖差が大きい季節の変わり目には、下痢や肺炎にかかりやすい。いち早く異変に気付き、大事に至る前に治療をするため、昼夜の見回りが不可欠となる。「眠っている間に牛舎の柵に頭が挟まった牛を見つけたこともある。何もしなければ死んでいたかもしれない。それまでかけた資金が無駄になるだけでなく、繁殖農家の努力を無にしてしまう」と大崎。ものをいわない分、人間の子ども以上に、常に先回りして導いていく。

かゆいところに手が届くような繊細さは牛飼いの必須条件だ。大崎は「毎日見ていれば牛の異変を即座につかむことができる」と話す。自分の子どもを育てるように子牛を育てる繁殖農家と同様に、肥育農家も牛の健やかな成長を第一に考え、愛情を注いで飼育している。

霜降りへのこだわり

宮崎県児湯郡新富《しんとみ》町の鈴木茂が牛舎に入ると、牛たちがいっせいに顔を上げた。飼い主の姿に気が付き、近寄ってくる。牛の背中や頭をさすりながら鈴木は「すぐに集まってくるのは健康な証拠。いつも見ているので、体調が悪い牛はすぐに分かる」と話す。

鈴木は繁殖から肥育までを完結する一貫経営の畜産農家。宮崎県内で育てられる繁殖牛は全国の肥育農家が買い付けに訪れるため、人気の血統の牛は価格が高騰する傾向にある。一貫経営は子牛の相場に左右されることなく、生まれてから出荷まで同じ農場で過ごすことは牛にとってはストレス軽減にもつながる。こうしたメリットに着目して、鈴木の父孝則は二〇年前に繁殖から一貫経営に参入した。現在は家族三人で農場を切り盛りし、母牛や育成牛、肥育牛を含めて一六〇頭を飼育、このうち肥育牛七五頭を鈴木が担当している。

月齢一四～二二カ月の肥育中期は最も体重が増える。この間、世界でも類のない黒毛和牛の特徴であるサシ（脂肪交雑）を入れることに肥育農家は心血を注ぐ。赤い筋肉の間に白い脂肪が入った状態を霜降りといい、その入り具合は日本食肉格付協会によってランク付けされる。このうち最も格付けの高い肉質5等級、その次の4等級だけが、登録商標を持つJA宮崎経済連から宮崎牛と認定され、全国に流通。このため、出荷する全ての牛が宮崎牛になるよう、畜産農家はプライドを懸けて飼育に当たっている。

サシを入れるためにはビタミンの管理が重要となる。ビタミンには筋肉を発達させる役割がある一方で、脂肪を付きにくくする作用があるからだ。中期以降にビタミンを制限することで筋肉の発達を抑制。筋肉の隙間に脂肪が入り込む状態を人為的につくり出して脂肪交雑を進め、霜降りの状態に近づけていく。

稲わらや干し草などの粗飼料にはビタミンが含まれているため、中期は大豆やトウモロコシなどの濃厚飼料の割合を増やしていく。脂肪は和牛の風味や味に影響するため、飼料の配合バランスも農家ごとに工夫している。餌の量は農家によって違いがあるが、一日の餌量の目安は粗飼料が一・五kg、濃厚飼料が八～九kg。濃厚飼料を与え過ぎれば無駄な脂肪が付いてしまい、枝肉の質に影響する。鈴木は毎日与える量が変わらないように、バケツで重さを量ってから飼料を与える。

ビタミンには病原体の侵入を防ぐ役割もあり、制限している間は病気にかかりやすい状態になる。極端にビタミンを制限すれば食欲低下や下痢を起こし、重症化すれば暗いところで目が見えにくくなる夜盲症や脚のむくみにつながる。ビタミン欠乏のサインは餌の食べ方や便の状態から読み取るしかない。前述した通り牛の体重が最も増えるのがこの時期で、四〇〇kgから七〇〇kgへと飛躍的に増える。病気が長引けば餌を食べる量が少なくなり、肉付きや肉質に悪影響を与えてしまう。ビタミン剤を与えれば体調が回復するが、サシの入り方を阻害してしまうため安易に投与することはできない。宮崎牛として出荷するためには、健康状態が悪化しない、ぎりぎりのビタミン量を保つことが欠かせない。

鈴木は朝夕に餌を与える時間や牛舎を清掃する間に牛の健康状態を気に掛け、どんな小さな異常も見逃さないように心掛けるという。ビタミンが欠乏し、病気になっても抗生剤を使えば回復するが、鈴木の父孝則は「安心して食べてもらえるように、なるべく抗生剤は使いたくない」と消費者目線で飼育に当たっている。

月齢二二カ月以降になると肥育後期と呼ばれ、外見だけで皮下脂肪や筋肉が盛り上がっているのが分かる。この時期になるとサシを入れると同時に出荷時の枝肉の重量を上げるため、濃厚飼料中心の餌が続く。だが中期からのビタミン制限が続く影響で、餌を食べる量が落ちたり、生死に関わる病気につながったりすることもある。牛が死ねば生育にかけた時間や経費が無に帰すため、月齢が二四カ月を過ぎたころからビタミン剤を与える農家もいる。

飼育や健康管理の方法など経験に勝るものはない。まだ二〇代で経験の浅い鈴木が頼りにしているのは、同じ飼料を使っているグループで開く勉強会。畜産を始めたばかりのころは、育て上げた牛の格付けがA5、A4等級のいわゆる上物率の割合が少なかったが、勉強会で学んだことを飼育に取り入れたことで肥育技術は向上した。「みんなで成績を上げていこうとする雰囲気がある。同じ餌を使っていても、生産者が変われば肉の味が変わるほど奥が深い」と常に向上心を燃やしている。

月齢二八カ月から三二カ月になると、いよいよ出荷の時期を迎える。一頭を食肉処理場に出荷する日の午後、鈴木は頭部に縄をかけて牛を捕まえるとロープで引っ張りトラックまで誘導した。牛は暴れることなくトラックに乗り込んだ。鈴木が愛情をかけて育ててきたのが分かる。「畜産を始めたころは出荷するのがつらかった。送り出す瞬間まで大切に飼ってやりたい」。命の重みを感じながら牛と関わり続ける。

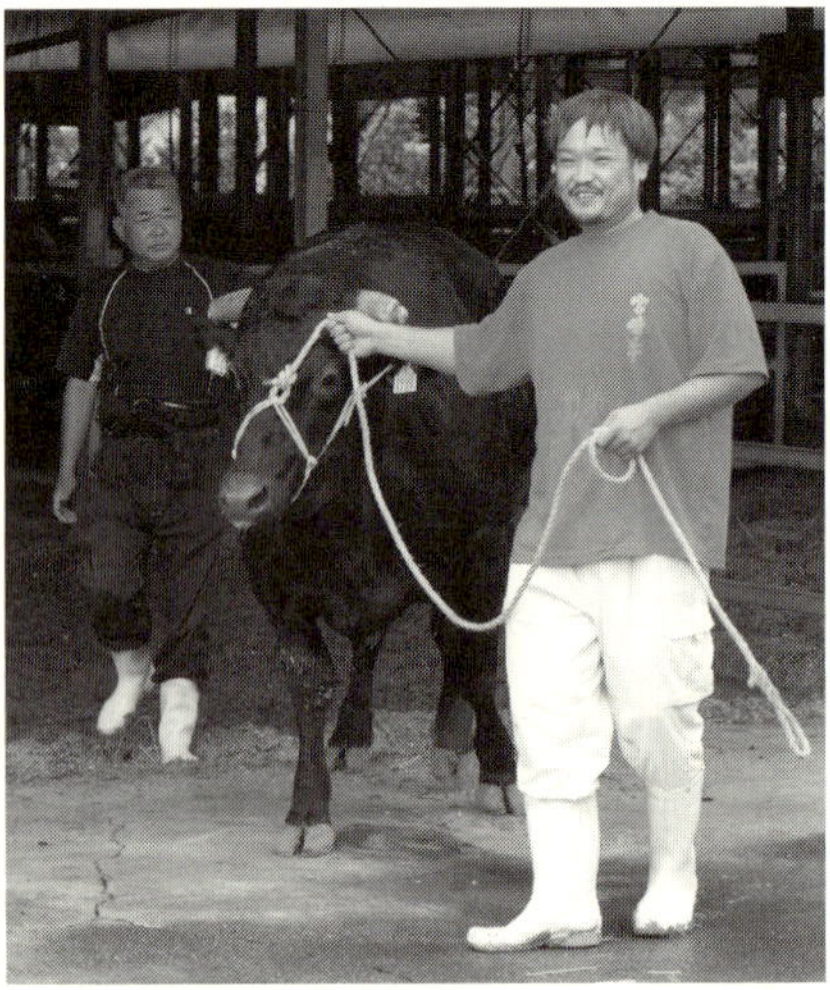

出荷の日を迎えた鈴木。農家にとってこの日はうれしくもあり、一抹の寂しさもある＝新富町

生体から枝肉へ

繁殖から肥育段階を経て育て上げられた牛は食肉処理場へと向かう。宮崎県西部にあるミヤチク高崎《たかさき》工場（都城市高崎町）には、周辺のえびの、小林、日南市などの農場から牛が運び込まれてくる。到着

直後の牛は移動のストレス、胃や腸の内容物を減らすため、係留場に翌朝まで留め置かれる。内容物が多く残っていると、解体したときに外に飛び出し、枝肉が汚れることがあるからだ。さらに処理当日の朝は、牛の皮膚の表面に付着した汚れを水できれいに洗い流す。

食肉処理はそれぞれの工程に専門の作業員が付き、流れ作業で進められていく。最初にと畜銃で牛を気絶させる。直径一・五cmほどの芯棒が火薬で飛び出し、頭蓋骨を貫通して脳に達するとすぐに気を失う。横たわった牛の喉を切り裂き、大動脈を切断して失血死させる。ここで完全に血が抜けきらないと枝肉にシミが残ってしまう。できるだけ牛に苦痛を与えないよう、高度の技術が求められる工程にはベテランの作業員が配置される。

と殺した後、皮をはぎ、内蔵を取り出すために腹部にナイフを入れる作業員＝都城市高崎町、ミヤチク高崎工場

角や耳、脚を切り落とし、胃に残っている内容物が飛び散らないように食道と直腸を結んでから、後ろ脚にフックをかけてつり下げる。さらに空気で刃先が回転する「エアーナイフ」を使って皮をはがす。上下するリフトに二人の作業員が乗り、息を合わせてエアーナイフを駆動させると、するすると皮がはがれていく。

内臓を出すために胸骨を切断する。牛の胸骨は直径一〇cmにもなるため、胸骨専用の電動ノコギリを使う。取り出した内臓は、胃袋や腸などの「白物」、心臓や肝臓などの

「赤物」に分かれている。これらはレバーやホルモンとして食用に回るが、内容物が飛び散ると枝肉が汚れるため、別室で洗浄する。最後にノコギリで左右対称に切り分けて解体作業は終了。体重が七〇〇～八〇〇kg程度だった牛の枝肉は四五〇kg前後にまでなった。処理場内には宮崎県食肉衛生検査所の職員が立ち会い、内臓や枝肉をチェックしていく。万が一異常が見つかっても、枝肉や内臓が流通することはない万全の態勢が敷かれている。

食肉処理直後の枝肉は、死んだばかりの牛の体温が残り三八度前後はある。熱で枝肉が傷むのを防ぐために〇度～マイナス一度の冷蔵庫に入れて、二日かけて冷却する。

この工場で一日に処理される牛は四〇～六〇頭。米国に輸出が認められた国内八カ所の工場のひとつで、処理中にこまめにナイフなどを消毒するだけでなく、週一回の自主検査や月一回の厚生労働省の査察も入り、衛生管理は特に厳しく徹底されている。安全な状態で宮崎牛を世に送り出すためだ。工場の職員は「消費者に安心して牛を食べてもらいたい」と食卓の光景を浮かべながら作業に当たっている。

枝肉をさらにナイフでカットして部分肉に加工、箱詰めするなどして全国へ出荷される＝宮崎県都城市高崎町、ミヤチク高崎工場

宮崎県内で飼育された牛が枝肉になってもすぐには宮崎牛としては流通できない。日本食肉格付協会

が定める肉質4等級以上の枝肉だけが宮崎牛として出荷される。ミヤチク高崎工場の敷地内には同協会の高崎事業所があり、工場内の冷蔵庫で格付けをしている。歩留まりと肉質の等級に分かれるランク付けの検査は、いずれも枝肉の第六〜七肋骨にかけて切れ目を入れ、隙間から枝肉の断面を見て判断していく。

歩留まりはロース芯の面積やばら、皮下脂肪の厚さなどから、枝肉から食用可能な肉の量を推測する。切断面にライトを当てながら測定するが、複雑な計算式があるものの専用の携帯端末に数値を入力するだけで等級が判断できる。格付けで最も重要視されるサシのほか、肉のきめや光沢などの四項目はカラーチャートや肉眼で検査員が判断。サシが入りやすいような血統の選抜や餌の開発、繁殖から肥育までの農家の飼育技術が向上し、Ａ５、Ａ４等級に格付けされる枝肉は年々増加している。

土日を挟むと一日に一〇〇本以上の枝肉を格付けする必要があるため、短時間で正確に判断する目が検査員に求められている。所長の和田忠雄は「枝肉は農家の財産と同じ。主観を排除し、規格に合わせて客観的に評価したい」と話す。畜産農家に脚光が当たる機会が多いが、その裏で枝肉の価値を正当に判断できる検査員が宮崎牛の流通を支える。

骨や皮も人のために

食肉処理の過程で発生する骨や食べることのできない内臓、皮などは畜産副産物と呼ばれる。日本畜産副産物協会によると肉用牛の副産物は重量ベースで六割を占める。最も多いのは骨の一二・七％で、内臓が八・七％、皮が八・五％となっている。こうした副産物を廃棄することなく、無駄なく活用する手法がレンダリング。英語の「脂肪を溶かして油脂にする」という意味で、肉食文化が進んでいる米国やヨーロッパで先進的に始まった。

肉用牛だけでなく、豚や鶏肉の生産が盛んな宮崎県。県西部にある都城市高城町の南国興産が牛、豚、鶏、魚介類のレンダリングを一手に引き受けている。飼料や食用として再生する道をつくるだけでなく、病気や事故で死んだ家畜の安全な処理にも当たり、畜産業界になくてはならない裏方の役割を果たしている。

県内の食肉処理場から内蔵や骨がコンテナに詰められてトラックで運ばれてくる。その量は一日に約四〇ｔ。工場で使用している機器類は、ヨーロッパ製のものがほとんどという。運ばれた骨や内臓のうち牛海綿状脳症（ＢＳＥ）のリスクがない物は破砕機で細かく刻み、圧力をかけた蒸気を当て、含有水分量を六〇％から三％まで減らす。そしてスクリューを使ってさらに圧力をかけ油脂と固形分に分離。油脂はさらに遠心分離器で不純物を除去して飼料用油脂の原料となり、飼料工場で家畜の餌として生まれ変わる。

固形分は冷却してから粉砕し、粉末状に加工する。栄養価が高く、以前は肉骨粉にして家畜の餌として流通していた時期があった。しかし、ＢＳＥに感染した牛の脳や脊髄が混入する恐れもある。農林水産省によると二〇〇一年三月から二〇〇九年一月までに三六頭が感染したため、肉骨粉を牛に与えることが禁止となった。飼料用への出荷が禁止となった肉骨粉は、現在は北九州にあるセメント工場に出荷。ボイラーで燃焼し、灰はセメントの原料として活用されている。

牛以外にも家畜のレンダリングを請け負っている南国興産では、飼料や肥料としての使用が認められている豚や鶏の肉骨粉と牛のラインを分け、安全性を保っている。

食肉処理の過程では、はぎ取った牛の皮も大量に出る。南国興産に持ち込まれた牛皮には、脂が付着しているため、手作業で一枚ずつ機械に入れて脂をそぎ落とし、腐敗を防ぐために塩漬けにして海外に輸出される。なめしや染色などの工程を経て、バッグや財布のほか、ソファーのレザーシート、革靴など一般の人の生活にもなじみ深い製品として利用されている。

南国興産の環境対策室課長の山浦健は「食肉としては流通できなくても、飼料や革製品などに生まれ変わる。無駄になるものはない」と語る。

【参考文献】

全国和牛登録協会編「和牛種雄牛系統的集大成」全国和牛登録協会（一九七四）
全国和牛登録協会編「和牛種雄牛系統的集大成　改訂追補版」全国和牛登録協会（一九八七）
宮崎県家畜登録協会、全国和牛登録協会宮崎県支部編「宮崎県和牛集大成」宮崎県家畜登録協会（一九八八）
全国和牛登録協会編「黒毛和種種雄牛集大成」全国和牛登録協会（二〇〇三）
高千穂牛物語編集委員会編「高千穂牛物語」高千穂牛物語編集委員会（二〇一〇）
榎勇著「但馬牛のいま」彩流社（二〇〇八）
宮崎県畜産史編さん委員会編「宮崎県畜産史」宮崎県（一九八三）
黒木法晴著「宮崎牛のフルコース」宮崎日日新聞社（一九九七）
宮崎県「口蹄疫防疫の記録」宮崎県家畜畜産物衛生指導協会（二〇〇一）
松形祐堯著「たゆたえども沈まず」宮日文化情報センター（二〇〇六）
宮崎昭著「牛肉ブランド確立への道程」日本食肉消費総合センター（二〇一二）
農文協編「肉牛大事典　飼育の基本から最新研究まで」農山漁村文化協会（二〇一三）
宮崎日日新聞社著「ドキュメント口蹄疫」農山漁村文化協会（二〇一一）
山田正彦著「実名小説　口蹄疫レクイエム遠い夜明け」KKロングセラーズ（二〇一一）
宮崎県「平成22年に宮崎県で発生した口蹄疫に関する防疫と再生・復興の記録　〝忘れない　そして　前へ〟」（二〇一二）
宮崎県立高鍋農業高等学校「創立百周年記念誌　農に懸ける百年の若人たち」（二〇〇三）
宮崎県立農業大学校「家畜防疫日本一をめざして～口蹄疫との戦いを振り返って」（二〇一一）
橋田和実著「畜産市長の『口蹄疫』130日の闘い」書肆侃侃房（二〇一〇）
食肉通信社編「2013数字でみる食肉産業」食肉通信社（二〇一三）
食肉通信社編「銘柄牛肉ハンドブック'13」食肉通信社（二〇一三）
増田淳子著「どこまでもやさしく牛を読む」農林統計協会（二〇一一）
みかなぎりか著「和牛道　極上を味わう!!」扶桑社（二〇〇八）
中日新聞三重総局編「ザ・松阪牛」中日新聞本社（一九九八）
瀧川昌宏著「近江牛物語」サンライズ出版（二〇〇四）
JA全農編「くみあい肉牛（肥育）生産性向上ヒント集」JA全農（二〇一〇）

「宮崎牛物語　口蹄疫から奇跡の連続日本一へ」発刊に寄せて

農業は命と対峙する産業です。動物を育て、命をいただく畜産はその典型的なものだと言えます。なかでも牛は、豚や鶏に比べ一戸当たりの飼育頭数が少なく飼育期間も長いため思い入れや結びつきも強く、宮崎県内の子牛競り市ではほんの十数年前まで、家族総出で牛を見送る繁殖農家の姿が見られていました。畜産農家にとって牛は我が子のような存在なのです。

二〇一〇年に宮崎県で広がった口蹄疫では、その牛たちを約七万頭も殺処分せざるを得ませんでした。被害は生産農家だけにとどまらず、多くの関連産業や観光業界にも経済的損失が及んだほか、教育・文化活動までもが制限されました。多くの県民があの悪夢を経験したからこそ、二〇一二年全国和牛能力共進会での宮崎牛連続日本一は、宮崎県全体の喜びとして受け止められたのではないでしょうか。

全共連覇を祝い宮崎市内で開催されたパレードに参加した際、沿道に来てくださった一万五〇〇〇人の方々の中に、涙を流している方を何人か見かけました。それほどまでに応援いただいていることに感動を覚えた一方で、これからも宮崎牛というブランドを育て、二度と口蹄疫を繰り返さないことが私たち農業関係者の使命だと痛感したところです。

宮崎牛というブランドの歴史はまだまだ浅く、他産地が長い年月をかけて築き上げた牙城に割って入ることは生易しいことではありません。残念ながら、ＪＡ宮崎経済連やミヤチクなど個別の組織だけでやれることには限界があります。これからも農商工、産学官など県内各方面と連携させていただきながら、本当の意味でのブランド力強化に取り組んで参ります。

最後になりましたが、このたび宮崎牛の歩みや今後に向けた提言を一冊の本にまとめていただいた宮崎日日新聞社の皆様方に、一人の生産者として厚くお礼申し上げます。

宮崎県経済農業協同組合連合会　代表理事　会長
より良き宮崎牛づくり対策協議会　会長
羽田　正治

宮崎牛の歩み

1893年	宮崎県内5郡で畜産組合（牛馬組合）が設立。
1920年	西諸県郡高原町に宮崎県種畜場が開設。
1932年	和牛改良の目標となる「日向種標準体型」や登録事業を行なうための和牛登録規程が定まる。
1939年	宮崎県が畜産課を設置。
1949年	宮崎県家畜登録協会が発足。
1949年	県主催となって初の宮崎県畜産共進会が開催。
1950年	宮崎県農業試験場に畜産部設置。
1956年	宮崎県畜産会が設立。
1959年	宮崎県の肉畜拡大事業により、県内で若齢去勢牛の肥育が始まる。
1960年	北諸県郡で種雄牛管理協会が設立され、以降、各地域で種雄牛の集中管理が進む。
1965年	宮崎県総合農業試験場の設置に伴い、畜産部門を統合再編。
1972年	宮崎県畜産公社食肉処理場が都農町に完成し、枝肉出荷が本格化。1980年には、都城市高崎町に宮崎くみあい食肉が完成、稼働が始まる。
1973年	宮崎県家畜改良事業団が児湯群高鍋町に設立され、県内種雄牛の一元管理が始まる。
1976年	西臼杵郡五ケ瀬町産の種雄牛「初栄」が宮崎県産種雄牛として初めて育種登録される。
1977年	都城市で第3回全国和牛能力共進会（全共）が開かれる。
1980年	児湯郡川南町で種雄牛「糸秀」が誕生。

1981年　宮崎県畜産試験場が県総合農業試験場から分離独立。
1986年　宮崎くみあい食肉と宮崎県畜産公社が合併、社名は宮崎くみあい食肉を引き継ぐ。10月に「より良き宮崎牛づくり対策協議会」が発足。「宮崎牛」がブランド化される。翌11月には大相撲優勝力士に宮崎牛を贈呈し、ＰＲを図った。
1989年　宮崎市佐土原町で種雄牛「安平」が誕生。
2000年　宮崎市富吉で、国内で92年ぶりとなる口蹄疫が発生。旧東諸県郡高岡町の２農場にも感染が広がったが、徹底した移動制限や血液検査により、感染を３農場に食い止めた。
2001年　宮崎くみあい食肉が社名を「ミヤチク」に改称。
2006年　宮崎県畜産会など４団体が再編統合し、宮崎県畜産協会が発足。
2007年　種雄牛の精液ストロー盗難事件が発生。
2007年　第９回全共鳥取大会で、９区分中７区分で優等首席を獲得。４、８区で最高賞の内閣総理大臣賞を受賞し、初めての日本一に輝いた。
2010年　４月20日、児湯郡都農町で口蹄疫が発生。感染は爆発的に拡大し、スーパーエース「忠富士」や、国内初の豚へも感染。主力級５頭を除く50頭の県有種雄牛を含む29万７８０８頭の牛や豚などが殺処分された。８月27日に終息宣言。
2012年　第10回全共長崎大会で、９区分中５区分で優等首席を獲得。７区で内閣総理大臣賞を受賞し、「連続日本一」の看板を手にした。11月からは、東京都食肉卸売市場へ宮崎牛の生体出荷を始め、首都圏での知名度向上を狙う。
2013年　宮崎県が畜産新生プランを策定。「生産性の向上」「生産コスト低減」「販売力の強化」「畜産関連産業の集積」の４分野で、今後３年間の目標を定めた畜産新生プランを策定。

【執筆者】

村永　哲哉（むらなが・てつや）
2011 年入社。報道部に配属。2012 年から特報班で農政を担当。宮崎市出身、1987 年生まれ。

草野　拓郎（くさの・たくろう）
2005 年入社。校閲部、報道部を経て 2013 年から西都支局長。宮崎市出身、1982 年生まれ。

新坂　英伸（にいさか・ひでのぶ）
2003 年入社。校閲部、日南支社を経て 2009 年から報道部。宮崎市佐土原町出身、1981 年生まれ。

海老原　斉（えびはら・ひとし）
2002 年入社。報道部、延岡支社などを経て 2012 年から報道部。児湯郡新富町出身、1977 年生まれ。

奈須　貴芳（なす・たかよし）
2002 年入社。写真部、報道部などを経て 2012 年から日南支社。宮崎市出身、1977 年生まれ。

野辺　忠幸（のべ・ただゆき）
1997 年入社。報道部、延岡支社などを経て 2013 年から高鍋支局長。宮崎市出身、1973 年生まれ。

諫山　尚人（いさやま・なおと）
1994 年入社。報道部、串間支局長などを経て 2012 年から報道部次長。宮崎市出身、1971 年生まれ。

小川　祐司（おがわ・ゆうじ）
1992 年入社。高鍋支局長、報道部次長などを経て 2012 年から都城支社長。宮崎市出身、1968 年生まれ。

森　耕一郎（もり・こういちろう）
1987 年入社。報道部次長、延岡支社長などを経て 2010 年から報道部長。宮崎市出身、1964 年生まれ。

デスク＝森耕一郎、諫山尚人

【著者】

宮崎日日新聞社

1940年11月25日に宮崎県内の日刊紙9紙を統合して日向日日新聞として創刊。1961年1月1日に現在の名称に変更。
2010年4月20日以降の口蹄疫に関する一連の報道で第26回農業ジャーナリスト賞を受賞。

本社　〒880-8570　宮崎県宮崎市高千穂通1－1－33

宮崎牛物語
口蹄疫から奇跡の連続日本一へ

2014年3月15日　第1刷発行

著　者　　宮崎日日新聞社

発行所　　一般社団法人　農山漁村文化協会
〒107-8668　東京都港区赤坂7丁目6-1
電話　03（3585）1141（営業）　03（3585）1145（編集）
Fax　03（3585）3668　振替　00120-3-144478
URL　http://www.ruralnet.or.jp/

ISBN978-4-540-13193-6　DTP制作／ニシ工芸㈱
〈検印廃止〉　印刷・製本／凸版印刷㈱